Berichte aus dem
Institut für Umformtechnik
der Universität Stuttgart
Herausgeber: Prof. Dr.-Ing. K. Lange

79

Helmut Noller

Numerische Steuerung einer flexiblen Bearbeitungseinheit zum Radialumformen

Mit 41 Abbildungen und 2 Tabellen

Springer-Verlag
Berlin Heidelberg New York Tokyo 1984

Dipl.-Ing. Helmut Noller
Institut fur Umformtechnik
Universität Stuttgart

Dr.-Ing. Kurt Lange
o Professor an der Universität Stuttgart
Institut für Umformtechnik

D 93

ISBN-13: 978-3-540-13550-0 e-ISBN-13: 978-3-642-82301-5
DOI: 10.1007/ 978-3-642-82301-5

Gesamtherstellung Copydruck GmbH, Offsetdruckerei, Industriestraße 1-3, 7258 Heimsheim, Telefon 0 70 33/38 25-26
2362/3020—543210

GELEITWORT DES HERAUSGEBERS

Die Umformtechnik zeichnet sich durch sehr gute Werkstoffauswertung und hohe Mengenleistung in der Serienfertigung gegenüber anderen Fertigungsverfahren aus, wobei Beibehaltung der Masse, Änderung der Festigkeitseigenschaften während eines Vorgangs und elastische Rückfederung der Werkstücke nach einem Vorgang wesentliche Merkmale sind. Weiter sind die benötigten Kräfte, Arbeiten und Leistungen sehr viel größer als z.B. bei spanenden Verfahren. Die sichere Beherrschung eines Verfahrens in der industriellen Fertigung und die zunehmende Forderung nach Vermeidung bzw. Minimierung spanender Nacharbeit erzwingen die geschlossene Betrachtung des Systems "Umformende Fertigung" unter zentraler Berücksichtigung plastizitätstheoretischer, werkstoffkundlicher und tribologischer Grundlagen.

Das Institut für Umformtechnik der Universität Stuttgart stellt entsprechend Forschung und Entwicklung zum einen auf die Erarbeitung von Grundlagenwissen in diesen Bereichen ab, zum anderen untersucht und entwickelt es Verfahren unter Anwendung spezieller Meßtechniken mit dem Ziel einer genauen quantitativen Ermittlung des Einflusses der Parameter von Vorgang, Werkstoff, Werkzeug und Maschine. Die Behandlung von Problemen des Maschinenverhaltens, der Maschinenkonstruktion sowie der Werkzeugauslegung und -beanspruchung, der Auswahl hochbeanspruchbarer, verschleißfester Werkzeugbaustoffe und schließlich der Tribologie gehört entsprechend ebenfalls zum Arbeitsgebiet, das durch die Erfassung organisatorischer und betriebswirtschaftlicher Fragen abgerundet wird.

Im Rahmen der "Berichte aus dem Institut für Umformtechnik" erscheinen in zwangloser Folge jährlich mehrere Bände, in denen über einzelne Themen ausführlich berichtet wird. Dabei handelt es sich vornehmlich um Abschlußberichte von Forschungsvorhaben, Dissertationen, aber gelegentlich auch um andere Texte. Diese Berichte sollen den in der Praxis stehenden Ingenieuren und Wissenschaftlern zur Weiterbildung dienen und eine Hilfe bei der Lösung umformtechnischer Aufgaben sein. Für die Studierenden bieten sie die Möglichkeit zur Vertiefung der Kenntnisse. Die seit zwei Jahrzehnten bewährte freundschaftliche Zusammenarbeit mit dem Springer-Verlag sehe ich als beste Voraussetzung für das Gelingen dieses Vorhabens an.

Kurt Lange

V o r w o r t

Die vorliegende Arbeit entstand während meiner Tätigkeit als wissenschaftlicher Mitarbeiter am Institut für Umformtechnik der Universität Stuttgart.

Herrn Prof. Dr.-Ing. K. Lange danke ich für seine Unterstützung und Förderung. Herrn Prof. Dr.-Ing. A. Storr danke ich ebenfalls für seine kritischen Anregungen und die Übernahme des Mitberichts.

Auch möchte ich mich bei all denen bedanken, die durch ihre Arbeiten und Hinweise zum Gelingen beigetragen haben, namentlich den Herren Dr.-Ing. M. Dostal, Dipl.-Ing. T. Haller, Dr.-Ing. R. Paukert, Dipl.-Ing. W. Strobel und Dipl.-Ing. A. Wöhr.

Die finanziellen Mittel wurden von der Deutschen Forschungsgemeinschaft zur Verfügung gestellt.

Düsseldorf, im Januar 1984

Helmut Noller

Inhaltsverzeichnis

Bezeichnungen und Abkürzungen

CNC	Computerized Numerical Control, rechnerintegrierte Steuerung
DNC	Direct Numerical Control, Rechnerdirektsteuerung
FFS	Flexibles Fertigungssystem
H, HB	Hublagen(achse)
MCNC	Microcomputer Numerical Control, mikrorechnerintegrierte Steuerung
MD	Manipulator-Dreh(achse)
ML	Manipulator-Längs(achse)
MPST	Mehrprozessor-Steuerungssystem
NC	Numerical Control, numerische Steuerung
NCPROG	NC-Programmiersystem
PC	Programmable Controller, (speicher-) programmierbare Steuerung
PRORUM	Programmsystem Radialumformen
RAM	Random Access Memory, Speicher mit wahlweisem Zugriff
RUMX-2000	Radialumformmaschine mit x-förmiger Anordnung der Arbeitszylinder und insgesamt 2000 kN Preßkraft
S	Stößel(achse)
SPS	Speicherprogrammierbare Steuerung
WD	Werkzeugwechsler-Dreh(achse)
WL	Werkzeugwechsler-Längs(achse)
WZ	Werkzeug
x, y, z	Koordinatenachsen

Verwendete Größen und Formelzeichen

A	mm^2	Querschnittsfläche
α, β	°	Flankenwinkel
Δ		Differenz
$\|F_A\|$	dB	Amplitudenverhältnis
f	Hz	Frequenz
φ	°	Phasenwinkel

G (z)		zeitdiskrete Übertragungsfunktion (z-transformiert)
h	mm	Werkstückhalbmesser
k_p		Reglerverstärkung
l	mm	Werkzeuglänge
p, p (t)	bar	Öldruck
R (z)		Reglerübertragungsfunktion (z-transformiert)
s	mm	Weg
T	ms	Zeitkonstante
t	ms	Zeit
U, u (t)	V	(Steuer)spannung
V, v (t)	mm/s	Geschwindigkeit
$\underline{x}_n$ (t)		Eingangsgrößen (Sollwerterzeugung)
$\underline{x}_c$ (t)		Korrekturgrößen (Sollwerterzeugung)
$\underline{x}_{nc}$ (t)		korrigierte Eingangsgrößen
$\underline{y}_m$ (t)		Ausgangsgrößen
z_o	mm	Achsenabstand

Indizes

A	Ausgangs...
E	Eingangs...
K	Kontroll...
k	kritisch
N	Nenn...
r	rückwärts
soll	Soll...
VZ	verzögert
v	vorwärts
w	wirksam

0 Einleitung

Die Automatisierung von Fertigungsanlagen verfolgt aus technischer Sicht im wesentlichen solche Ziele, die die Wertgesichtspunkte Wirtschaftlichkeit und technische Durchführbarkeit von Fertigungsverfahren betreffen. Automatisierungsziele bezüglich der technischen Durchführbarkeit beispielsweise liegen vor, wenn Maschinen und Einrichtungen eingesetzt werden, die ohne Automatisierungsmittel nicht oder nur unbefriedigend zu betreiben sind. Wirtschaftlichkeitsgesichtspunkte stellen alle kostenrelevanten Aspekte dar, die Anschaffung und Betrieb von Fertigungsanlagen sowie die Qualität der Produkte betreffen.

Die Entwicklung der Rohstoff-, Energie- und Lohnkosten erfordert auch bei kleinen und mittleren Stückzahlen eine ständige Steigerung der Produktivität industrieller Fertigungsanlagen durch Rationalisierung und Automatisierung. Eine flexible Fertigung, die schnell und wirtschaftlich eine oft wechselnde Nachfrage befriedigen kann, ist auf flexible Maschinensysteme und die Wirksamkeit umfassender, flexibler Steuerungskonzepte besonders angewiesen. Zur Sicherung einer hohen Ausnutzung und Verfügbarkeit solcher Anlagen müssen zunehmend technologische, organisatorische und optimierende Gesichtspunkte in die Konzeption der Steuerungssysteme aufgenommen werden. Moderne Fertigungseinrichtungen sind daher ohne numerische Steuerungen nicht mehr denkbar [1, 2].

Numerische, rechnerintegrierte Steuerungen profitieren in erster Linie von den Entwicklungen und Fortschritten der digitalen Rechnertechnik [3]. Durch den Einsatz hochintegrierter Bauelemente haben sich Zuverlässigkeit, Leistungsfähigkeit und Wirtschaftlichkeit von Steuerungskomponenten wesentlich verbessert. Ein Ergebnis dieser Entwicklung ist im Vordringen der NC-Technik in solche Bereiche der Fertigungsverfahren zu erkennen, die bisher aufgrund einer komplexen Technologie kaum automatisierbar waren. Die Realisierung leistungsfähiger, preisgünstiger Rechnerstrukturen darf als wichtigste Voraussetzung einer sich nunmehr anbahnenden Automatisierung flexibler umformender Fertigungsverfahren angesehen werden [4, 5].

Die Situation in der Umformtechnik ist heute immer noch gekennzeichnet durch die Fertigung großer Stückzahlen bei guter Qualität und geringem Energie- und Werkstoffeinsatz. Diese Vorteile werden intensiv in Anlagen mit überwiegend starrer Automatisierung genützt, wobei oft Verfahren eingesetzt werden, die durch eine vollständige Formbindung der Werkstücke an die Werkzeuggeometrie kaum Flexibilitätseigenschaften aufweisen.

Automatisierungsmaßnahmen bei freiformenden, flexiblen Anlagen jedoch finden bisher nur zögernd Eingang in die Praxis. Zur Beherrschung solcher Verfahren ist eine genaue analytische Kenntnis der einzelnen Prozeßverläufe erforderlich. Besonders freiformende Verfahren der Massivumformung unterliegen einer großen Anzahl unwägsamer Einflüsse und Störgrößen durch Temperatur, Schmierung, Werkstofffluß und -verfestigung. Dadurch ergibt sich die Notwendigkeit einer intensiven, umfassenden Prozeßbeobachtung, die allerdings mit den augenblicklichen Mitteln der Meß- und Sensortechnik nicht immer im erforderlichen Maß möglich ist.

Die Entwicklung und Anpassung neuer, technologieorientierter Meß- und Sensoreinrichtungen wird in allen Bereichen der Fertigungstechnik sehr intensiv betrieben. Andererseits werden theoretische, mathematische Methoden eingesetzt, um eine mangelhafte Meßtechnik durch eine indirekte Prozeßführung zu kompensieren. In umfangreichen Automatisierungssystemen von flexiblen Fertigungseinrichtungen gewinnen daher adaptive Steuerungskonzepte mit problembezogenen Elementen zur Prozeßmodellierung und -simulation zunehmend an Bedeutung. Bestehende Lösungen im Bereich der Umformtechnik haben allerdings kaum zu allgemeingültigen Konzepten geführt; es sind ausschließlich technologie- und maschinenbezogene Steuerungssysteme entstanden, durch die in hohem Maße vorhandenes empirisches Fachwissen einbezogen und zu speziellen Detaillösungen verarbeitet wurde.

Die flexible, umformende Bearbeitungseinheit RUMX-2000, als

Pilotprojekt am Institut für Umformtechnik der Universität Stuttgart konzipiert und realisiert, stellt ein komplexes System zur Fertigung längsachsenbetonter Werkstücke nach dem Verfahren 'Radialumformen' dar. Neben der flexiblen Endfertigung von Werkstücken innerhalb des vorgegebenen Spektrums liegen wichtige Einsatzbereiche der Anlage in der flexiblen Teilfertigung innerhalb gemischter, flexibler Fertigungssysteme, die durch verschiedene Maschinen und Einrichtungen auch die Kombination unterschiedlicher Fertigungsverfahren gestatten.

Das Steuerungssystem der Radialumformmaschine, dessen Entwicklung und Erprobung die Grundlage der vorliegenden Arbeit bildet, hat daher neben der optimalen, automatisierten Prozeßführung der Bearbeitungseinheit auch Aspekte der Integration in übergeordnete, dispositive Steuerungssysteme zu berücksichtigen.

1 Problemstellung

1.1 Ausgangssituation

Zur Erzielung optimaler Fertigungsergebnisse müssen flexible Bearbeitungssysteme auch bei oft wechselnden Werkstückspezifikationen optimale Fertigungsbedingungen bereitstellen. Die auf das gewünschte Werkstückspektrum abgestimmte Auswahl geeigneter Fertigungsverfahren und Fertigungsmittel, sowie die optimale Fertigungsorganisation bilden dabei entscheidende Einflußgrößen. In vielen Fällen ergibt sich die Notwendigkeit, verschiedene Fertigungsverfahren und damit verschiedene Arbeitsmaschinen einzusetzen. Die Entwicklung der sog. flexiblen Fertigungssysteme durch die Kombination mehrerer numerisch gesteuerter Werkzeugmaschinen kann diesen Forderungen Rechnung tragen.

Ein wirtschaftlicher, automatischer Betriebsablauf von flexiblen Fertigungssystemen ist nur zu erreichen, wenn alle Teilsysteme durch Einrichtungen zum Werkstücktransport und zur Werkstückhandhabung verkettet sind. Neben der automatischen Bearbeitung ergibt sich dann ein automatisierter Materialfluß, dem ein automatisierter Informationsfluß entsprechen muß. Problematik und Realisierungsmöglichkeiten einer gemeinsamen, zentralen Steuerung zur Überwachung und Koordination der Einzelmaschinen werden z. B. in [6 bis 10] ausführlich diskutiert.

Beispiele realisierter flexibler Fertigungssysteme [11 bis 14] zeigen, daß in diesen bisher hauptsächlich spanende Bearbeitungsverfahren eingesetzt werden. Verfahren der Umformtechnik werden in wenigen Fällen ausschließlich zur Rohteilherstellung einbezogen. Gemischte, flexible Fertigungssysteme mit konkurrierenden und sich ergänzenden zerspanenden und umformenden Bearbeitungseinheiten wurden trotz bekannter wirtschaftlicher und fertigungstechnischer Vorteile noch nicht realisiert. Die Gründe liegen zum einen in der geringen Flexibilität vieler Umformverfahren selbst, die eine integrierte Fertigung völlig ausschließt. Andererseits erfordern Verfahren mit vorwiegend kinematischer Gestalterzeugung, die generell als geeignet angesehen werden [15], aufgrund ihrer komplexen Technologie eine aufwendige Verfahrensführung und Maschinensysteme, die mehr als bei spanender Fertigung auf diese speziellen Technologien zugeschnitten sind.

Die Steuerung dieser Maschinen ist aufgrund starr vorgegebener Kenngrößen kaum möglich. NC-Konzepte werden nur dort erfolgreich eingesetzt, wo es gelingt, prozeßrelevante Kenngrößen on-line zu erfassen und mit Hilfe adaptiver Systeme zu verarbeiten [16, 17].

1.2 Zielsetzung

Der Einsatz flexibler, automatischer Bearbeitungsmaschinen in der Umformtechnik erfordert umfassende Automatisierungsmaßnahmen zur Arbeitsablaufplanung und Maschinensteuerung. Anhand der Erfahrungen beim Entwurf, Aufbau und Betrieb des Steuerungssystems der Radialumformmaschine RUMX-2000 (Bild 1) sollen in der vorliegenden Arbeit Konzepte und Lösungsmöglichkeiten entwickelt werden, die unter Berücksichtigung aller technologischen und anlagenspezifischen Anforderungen eine automatische Prozeßsteuerung der Anlage ermöglichen.

Konzeption und Realisierung der Radialumformmaschine dienen der theoretischen und praktischen Untersuchung von Möglichkeiten einer flexiblen, vollautomatischen Fertigung in der Massivumformung und der Integrationsfähigkeit von Umformverfahren in gemischte, flexible Fertigungssysteme. Der bestehende Aufbau der maschinentechnischen Teilsysteme für Antriebe, Bearbeitung und Handhabung entspricht dieser Zielsetzung. Ein automatischer und integrierter Fertigungsablauf soll mit Hilfe eines Steuerungs- und Informationssystems verwirklicht werden.

Hierzu ist zunächst eine automatische Ermittlung teilespezifischer Bearbeitungsfolgen erforderlich. Für ein definiertes Spektrum längsachsenbetonter, rotationssymmetrischer Werkstücke existiert bereits ein dialogfähiges Programmsystem, dessen Grundlagen mit optimierender Technologie- und

Bild 1: Radialumformmaschine RUMX-2000.

Geometrieverarbeitung auf Metzger [18] zurückgehen.

Die effektive Durchführung von Bearbeitungsfolgen im Fertigungssystem erfordert steuerungstechnische Maßnahmen nicht nur bezüglich der prozeßnahen Steuerungsfunktionen, die unmittelbar mit den Systemkomponenten zusammenwirken, sondern auch bezüglich einer automatischen und optimierenden Prozeßführung. Besondere Aspekte der Optimierungs- und Automatisierungsaufgaben bilden dabei die globale System-Sicherheit, eine hohe System-Verfügbarkeit durch geringe Bearbeitungszeiten und eine komfortable System-Handhabung durch eine rechnerunterstützte Bedienerführung.

Bekannte Strategien reichen für diese komplizierten Steuerungsaufgaben nicht aus. Optimierte, angepaßte Bearbeitungsabläufe können nur im Zusammenhang mit den individuellen Werkstückformen generiert werden. Deshalb soll versucht werden, mit Hilfe einer steuerungsinternen, numerischen Darstellung der Werkstückkontur (Werkstückmodell) die aktuelle Werkstückform während der Bearbeitung zu beschreiben und daraus Strategien für einen optimalen Bearbeitungsablauf abzuleiten.

2 Numerische Steuerungssysteme für Fertigungseinrichtungen

Die Entwicklung neuer Geräte und Hilfsmittel erweitert ständig die Möglichkeiten der Steuerungstechnik bei der Automatisierung technischer Prozesse. Eine genaue Kenntnis der zu automatisierenden Anlage mit allen zugehörigen Meß- und Steuergeräten sowie das Wissen um die Möglichkeiten verfügbarer Automatisierungsmittel sind deshalb Voraussetzung einer erfolgreichen Automatisierung. Das folgende Kapitel stellt die Eigenschaften der wichtigsten Automatisierungsmittel als Übersicht dar und nennt Auswahlkriterien für deren Einsatz.

2.1 Struktur und Funktionsweise

Auswahl, Aufbau und Umfang einer Steuerungskonfiguration für Fertigungseinrichtungen orientiert sich an den Erfordernissen der Steuerungsaufgabe, also in erster Linie an den Zielen der Automatisierung in der Fertigung. Die Grundaufgaben der Steuerung, die Eingabe bzw. Erfassung und Verarbeitung von Steuerdaten, sowie die Ausgabe von Steuerbefehlen unterliegen zwar allgemeingültigen Prinzipien und Methoden; eine praktische Nutzung von Steuerungskonzepten macht jedoch eine detaillierte Anpassung aller Systemteile an das zu steuernde Objekt notwendig. Hier werden deshalb Systeme und Methoden der modernen Datentechnik zur Speicherung, Übertragung und Verarbeitung von Informationen erfolgreich eingesetzt. Die Struktur dieser Systeme bestimmt eine zum Teil standardisierte Gerätekonfiguration (Hardware), deren Funktion durch Programme (Software) festgelegt wird.

Zur Steuerung fertigungstechnischer Anlagen und Einrichtungen sind eine Reihe elektronischer Steuerungskonzepte entwickelt, die allgemein in den Bauformen PC, CNC, MCNC oder DNC bekannt geworden sind. Diese Begriffe unterscheiden Steuerungssysteme nach datentechnischen und funktionalen Gesichtspunkten und charakterisieren damit gleichzeitig ihre Anwendungsgebiete. Steuerungssysteme von umfangreichen Fertigungsanlagen enthalten außerdem häufig eine Kombination der verschiedenen Grundtypen, wobei parallele und hierarchische Strukturen vorkommen [19 bis 22].

Speicherprogrammierbare Steuerungen (SPS bzw. PC) bilden die moderne, elektronische Ausführung konventioneller Relais- und Schützensteuerungen. Diese Steuerungen bestehen aus den Grundbaugruppen zentrale Verarbeitungseinheit (Prozessor), Programmspeicher und Ein-/Ausgangsgruppen (Bild 2).

Die Verarbeitungseinheit führt nach vorgegebenem Programm eine logische Verknüpfung binärer Eingangssignale durch. Das Ergebnis der Verknüpfung erscheint als Satz von binären Ausgangssignalen. Das Programm wird zyklisch mit festem Zeittakt abgearbeitet, neueste Systeme erlauben ebenfalls die Programmierung bedingter und unbedingter Sprünge. Die Programm-Zykluszeit bestimmt damit die maximale Reaktionszeit der Steuerung.

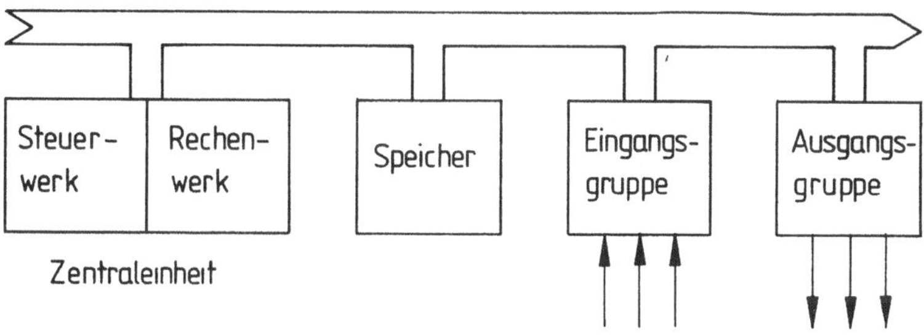

Bild 2: Aufbau speicherprogrammierbarer Steuerungen (aus [19]).

Die Mehrzahl aller Werkzeugmaschinen wird in der Zwischenzeit mit rechnerintegrierten Steuerungen (CNC) ausgestattet. Durch den Einsatz programmierbarer Digitalrechner (meist Minicomputer als sog. Prozeßrechner) als zentrales Element wird der Funktionsumfang von CNC-Steuerungen beträchtlich erhöht. Digitalrechner verarbeiten Informationen auf der Basis einer sequentiellen Datentechnik; in Steuerungssystemen sind sie deshalb geräte- und programmtechnisch (Softwareausstattung) so organisiert, daß ein Schritthalten mit dem Prozeß (Echtzeitbetrieb) möglich wird. Der relativ hohe Grundaufwand für diese Systeme mit integriertem Prozeßrechner (Bild 3) läßt sich allerdings nur rechtfertigen, wenn entsprechend umfangreiche Steuerungsaufgaben zu bewältigen sind.

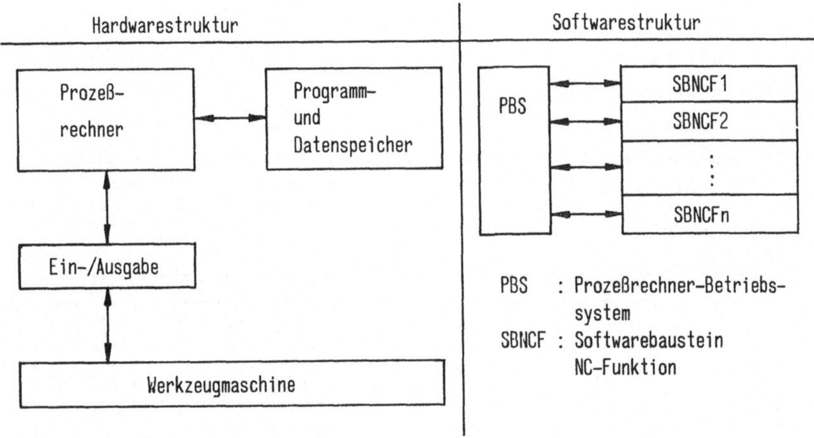

Bild 3: CNC-Steuerung mit Prozeßrechner.

Die Entwicklung der Halbleitertechnik, insbesondere der Mikroprozessoren, hat eine erhebliche Verbesserung des Preis-Leistungs-Verhältnisses von elektrischen Bauelementen und Steuerungskomponenten ermöglicht und dadurch die wirtschaftlichen Einsatzbereiche von CNC-Konzepten erweitert. Steuerungen, deren Kern einen Mikrorechner enthalten, werden als MCNC-Systeme bezeichnet. Wegen der außerordentlich hohen Integrationsdichte der Halbleiter-Bauelemente können komplette Mikrorechnersysteme mit Mikroprozessor, Programm- und Datenspeichern und Ein-/Ausgabekomponenten auf einer Platine angeordnet werden (SBC-single board computer).

Wenn die verschiedenen Aufgaben der numerischen Steuerung auf mehrere Mikroprozessoren verteilt und parallel bearbeitet werden, ergeben sich Mehrprozessor-Steuerungssysteme (MPST). Standardisierte Mikrorechnermodule mit entsprechend aufgabenspezifischem Steuerprogramm werden dazu mit Platinen der Peripherieelektronik zur Anpassung und Aufbereitung der Prozeßsignale zu Systemen mit äußerst flexiblem, problemorientiertem Funktionsumfang kombiniert. Die elektrische Verbindung der Module stellt ein gemeinsamer Adressen- und Datenbus her (Bild 4).

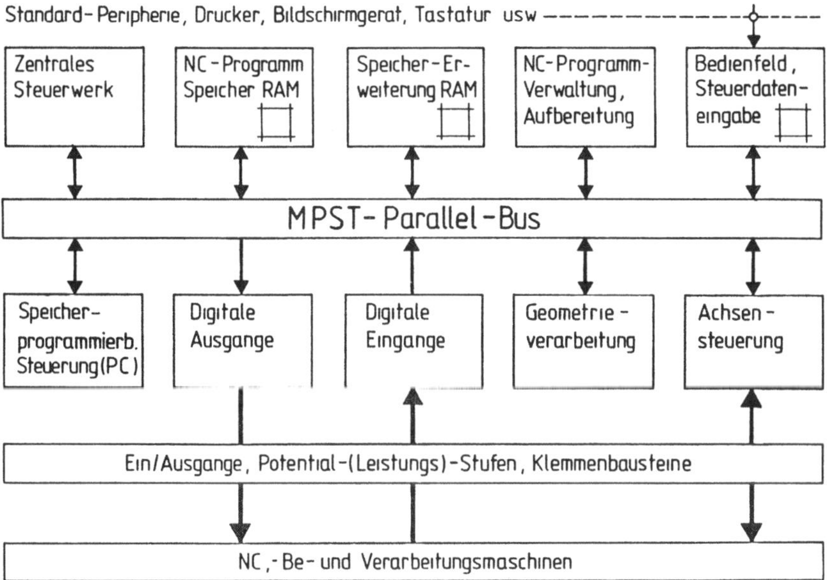

Bild 4: Modulares Mehrprozessor-Steuerungssystem (MPST) in Busstruktur.

Die Mikroprozessortechnik ermöglicht den Einsatz intelligenter Bausteine vor Ort im Fertigungssystem und führt damit zu einer zunehmenden Dezentralisierung bei der Bearbeitung von Steuerungsaufgaben. In den meisten Fällen besteht in einem Fertigungssystem die Notwendigkeit, die Bewegungen der einzelnen Maschinen und Einrichtungen aufeinander abzustimmen und so zu koppeln, daß ein einheitlicher Materialfluß entsteht. Hierzu ist der Aufbau einer hierarchischen Steuerungsstruktur erforderlich, in der einer DNC-Rechnerdirektsteuerung die Aufgabe zukommt, zentral ermittelte Programme, Daten und Informationen für mehrere numerische Steuerungen zeit- und formatgerecht zu verteilen und damit die einzelnen Steuerprozesse entsprechend zu synchronisieren. Eine Kabelverbindung und entsprechend abgestimmte Schnittstellen im Zentralrechner und den Substationen (z. B. mehreren numerischen Steuerungen) dient der Informationsübertragung. DNC-Systeme sind zwar bei der Automatisierung von Großanlagen zur Unterstützung von Prozeßleitsystemen seit langer Zeit eingesetzt, sie gewinnen jedoch nun aufgrund der dezentralen Mikroprozessortechnik auch bei der Steuerung von Fertigungseinrichtungen zunehmend an Bedeutung [21, 23 bis 25].

2.2 Leistungsfähigkeit und Betriebsverhalten

Im Gegensatz zu Rechenanlagen für Stapelbetrieb führen Prozeßsteuerungen ihre Aufgaben immer im Zusammenhang mit technischen Prozessen aus. Der Begriff der Leistung ist daher nur für das gesamte technische System, bestehend aus Steuerung und technischem Prozeß, sinnvoll [26]. Die Bewertung der Leistungsfähigkeit von Prozeßsteuersystemen setzt Angaben voraus über

- den im ungünstigsten Fall verlangten Umfang der Informationsverarbeitung (max. Auftragslast),
- die einzuhaltenden Zeitbedingungen.

Die Einhaltung von Zeitabständen bestimmt die rechtzeitige und quasi-gleichzeitige Reaktion der Steuerung auf Ereignisse im Prozeß. Dieses sog. Echtzeitverhalten von Steuerungen kann gleich wichtig wie die Informationsverarbeitung selbst sein.

Zur Bewertung und Auswahl von numerischen Steuerungen empfiehlt sich eine Vorgehensweise anhand der folgenden übergeordneten Kriterien und Gesichtspunkte:

- Programmierung und Bedienung
- Dateneingabe und -ausgabe
- Interne Datenverarbeitung
- Zuverlässigkeit und Fehlerdiagnose
- Flexibilität, Nachführbarkeit und Integrierbarkeit

Diese Hauptgruppen kennzeichnen zunächst die Eigenschaften eines Steuerungssystems bezüglich der Leistung und Handhabung im betrieblichen Einsatz. Daneben sind oft die vorhandenen Möglichkeiten zur Durchführung von Erweiterungen und Modernisierungen von Bedeutung, die besonders bei den Systemen mit modularem Aufbau gegeben sind.

Die Aufschlüsselung der Hauptgruppen anhand eines speziellen Anwendungsfalls ergibt die anlagenspezifischen Anforderungen, nach denen der Aufbau der Hardwarekomponenten und die Softwareausstattung des Steuerungssystems vorgenommen wird. Das Hardwaresystem umfaßt dabei im wesentlichen die gerätetechnische Ausstattung mit Elementen zur Datenverarbeitung und -speicherung, die Peripherieelektronik und die Bedieneinrichtungen.

Das Softwaresystem gliedert sich meist in Betriebsprogramme (Betriebssystem) und Anwenderprogramme, die die Verarbeitung spezieller NC-Funktionen übernehmen (siehe Bild 3). Das Betriebssystem führt organisatorische und verwaltende Aufgaben aus und steuert den internen Datenverkehr. Beide Programmbereiche sind in NC-Steuerungen eng miteinander verflochten.

Im Hinblick auf eine hohe Flexibilität und Modifizierbarkeit von Steuerungssystemen ist das Vorhandensein ausreichender Dienstprogramme von Wichtigkeit. Dienstprogramme unterstützten die Inbetriebnahme und Wartung von Steuerungen und die Erstellung von Anwenderprogrammen. Besonders größere Systeme mit Prozeß- und Mikrorechnern verfügen teilweise über komfortable Editier- und Übersetzungsprogramme (Compiler, Assembler). Kleinere Systeme der Mikroprozessortechnik bieten zwar verschiedentlich die Möglichkeit, Programme zu korrigieren; die

Erstellung von Steuerprogrammen, zumal durch Programmierung in problemorientierten Echtzeit-Hochsprachen, erfolgt jedoch extern auf Mikrorechner-Entwicklungssystemen. Die Programme können hier außerdem vor ihrer Übernahme in die Steuerung durch Testhilfen zur Prozeßsimulation und -emulation[1)] geprüft und korrigiert werden.

2.3 Bedienung und Teileprogrammierung

Die Verbindung zwischen Bedienpersonal und dem Fertigungssystem stellt in automatisierten Anlagen das Bediensystem der Steuerung her. Obwohl Eingriffe durch das Bedienpersonal bei regulärem Betriebsverlauf während der automatischen Fertigung kaum erforderlich sind, müssen zum An- und Abfahren der Anlagen oder bei Störfällen Eingriffsmöglichkeiten vorgesehen werden.

Zur Schaffung eines gewünschten Bedienkomforts ist die Realisierung entsprechender Kommunikationsmöglichkeiten durch Bediengeräte und Bedienprogramme erforderlich. Der notwendige Bedienkomfort hängt von dem Automatisierungsgrad der Anlage und den Möglichkeiten der eingesetzten Steuerung ab und kann sehr unterschiedlich ausfallen. Das Spektrum reicht von einfachen Tasten- und Schalteranordnungen mit Lampen- oder Leuchtdiodenanzeige bis zu graphischen Bildschirmsystemen mit alphanumerischer Eingabetastatur und rechnergeführtem Dialogbetrieb.

Bei der Programmierung von NC-Maschinen werden manuelle und maschinelle bzw. rechnerunterstützte Programmierverfahren angewendet [27]. Sowohl das manuelle als auch das maschinelle Programmieren wird bisher entweder zentral in der Arbeitsvorbereitung oder maschinennah im Werkstattbereich auf entsprechenden Einrichtungen durchgeführt. Durch die CNC- und Rechnerentwicklung mit zugehöriger Peripherie werden jedoch zunehmend dezentrale Programmiermöglichkeiten direkt an der Maschine

[1)] Nachbildung und Ersatz von Originalsystemen

(maschinengebunden) geschaffen. Im Steuerungssystem sind dazu Funktionen zum Schreiben, Lesen, Anzeigen und Korrigieren von NC-Speicherbereichen vorzusehen.

Komplexe Anlagen, ein flexibles Fertigungsprogramm und Fertigungsverfahren, die starken technologischen Einflüssen unterliegen, führen jedoch zu einer großen Anzahl von schwierigen und oft sehr umfangreichen Teileprogrammen. Die direkte, manuelle Programmierung von Werkstücken in dem von der NC-Steuerung geforderten Format bringt eine Fülle von ermüdender Routinearbeit mit sich, die bei größter Konzentration und entsprechendem Fehlerrisiko durchzuführen ist. Manuelle Programmierung wird deshalb in diesen Fällen nicht eingesetzt.

Zur Beschleunigung und Vereinfachung einer maschinengebundenen Programmierung werden mehrere Wege beschritten. Das sogenannte Teach in-Play back-Programmieren (Lernprogrammieren) beispielsweise speichert einen manuell vorgegebenen Bewegungsablauf der Maschine, den die Steuerung dann automatisch ausführt. Daneben gibt es auch Programmiersysteme, die Bearbeitungsabläufe aus vorbereiteten Teilfunktionen zusammenstellen und durch Parametrierung an einen speziellen Anwendungsfall anpassen können. Schließlich können Steuerungssysteme mit entsprechend erhöhter Rechnerleistung eingesetzt werden, die maschinengebundenes Programmieren gleichzeitig und parallel zur Hauptzeit ermöglichen.

Eine völlige Entkoppelung der Teileprogrammierung von der Verfügbarkeit der NC-Steuerung wird grundsätzlich durch ein maschinelles, dezentrales bzw. maschinennahes Programmiersystem erreicht. Die Programmierung erfolgt mit Hilfe von geometrie- und technologieverarbeitenden Programmen beispielsweise auf Klein- oder Tischrechnern; sie kann aber auch bei entsprechendem Ausbau des Steuerungssystems direkt im Bereich des Zentralrechners einer DNC-Steuerung angesiedelt werden.

Die Vor- und Nachteile einer dezentralen bzw. maschinennahen

oder der maschinengebundenen Programmierung werden seit längerer Zeit sehr kontrovers diskutiert [28 bis 33]. Die natürlichen Grenzen der maschinengebundenen Verfahren sind, wie oben erwähnt, durch die Komplexität von Werkstück und Fertigungsverfahren und damit durch die Länge und Komplexität der NC-Programme gegeben. Darüber hinaus können die wichtigsten Kriterien für eine Entscheidung wie folgt zusammengefaßt werden:
Steht eine kapitalintensive Maschine trotz Programmier- und Optimierungsarbeiten voll für ihre Fertigungsaufgabe zur Verfügung?
Kann die Programmierung anhand einer Zeichnung vorgenommen werden und eignet sich deshalb auch für Kleinstserien und Einzelteile?
Besteht eine gewisse Unabhängigkeit des Systems von der Qualifikation des Bedieners durch eine zumindest teilweise Objektivierung der Programmierung?
und schließlich
Ist das System unabhängig von einer bestimmten Rechenanlage einsetzbar?

3 Flexible Fertigung im Bereich der Massivumformung

Die Einteilung der verschiedenen Bearbeitungsverfahren erfolgt vielfach nach technologischen Gesichtspunkten. Allgemein verbreitet sind zum Beispiel Unterteilungen in spanlose und spanende Formgebung oder freie und gebundene Umformung. Aus der Sicht der Steuerungstechnik ergeben sich jedoch für die verschiedenen technologischen Fertigungsverfahren andere Merkmale der Einteilung, die hier vornehmlich nach kinematischen und datentechnischen Gesichtspunkten erfolgt.

Weil Bewegungsabläufe von Arbeitsmaschinen der Massivumformung mit denen von Maschinen anderer Fertigungsverfahren oft eine Reihe von Analogien aufweisen, können in Teilbereichen bestehende Steuerungslösungen übertragen werden.

3.1 Steuerungstechnische Analyse geeigneter Verfahren

Für die Einsatzfähigkeit von Umformverfahren und -systemen in der flexiblen Fertigung ist die Anpassungsfähigkeit an verschiedene, wechselnde Fertigungsaufgaben maßgebend. Nach [15] sind für die Anpassungsfähigkeit folgende Merkmale bestimmend:

- die Werkstückgestalt wird 'kinematisch' durch Relativbewegung zwischen Werkstück und Werkzeugen erzeugt, und
- die Umformung erfolgt mehrstufig durch vorwiegend ungebundene Formgebung.

Hieraus ergibt sich, daß Umformsysteme mit wenigstens einem auswechselbaren oder veränderlichen Werkzeug und Verfahren der ungebundenen Umformung gute Flexibilitätseigenschaften aufweisen. Der Grad der Flexibilität nimmt dabei zu mit der Anzahl der kinematischen Freiheitsgrade des Maschinensystems, d. h. der Anzahl beweglicher bzw. steuerbarer Maschinenachsen.

Die wichtigsten ungebundenen Verfahren mit Flexibilitätseigenschaften aus dem Bereich der Massivumformung sind Flach-, Drück- und Ringwalzen, Rundkneten, Freiformschmieden und Radialumformen. Der Bearbeitungsablauf und die Relativbewegungen zur Formgebung werden bei diesen Verfahren durch translatorische und rotatorische Maschinenachsen erzeugt. Sowohl das Werkstück als auch einzelne Werkzeuge bzw. Werkzeugteile können dabei in definierter Abhängigkeit zueinander Bewegungen ausführen. Der automatische Bearbeitungsablauf umfaßt neben der Positionierung der Werkzeuge unter Aufbringung der erforderlichen Umformkräfte auch die Handhabung des Werkstücks.

Die Walzverfahren unterscheiden sich von den übrigen Verfahren mit intermittierendem Bewegungsablauf durch kontinuierlichen Eingriff der Werkzeuge während der Umformung. Intermittierende Verfahren erfordern einen zyklischen, schrittweisen Bearbeitungsverlauf, bei dem sich Umformvorgang und Werkstückpositionierung abwechseln. Als Folge der Volumen-bzw. Massenkonstanz umgeformter Werkstücke, sowie des bei jeder Umformung auftretenden Werkstoffflusses, ergeben sich am Werkstück auch außerhalb der direkten Umformzone Änderungen der geometrischen Abmessungen (Längung, Breitung etc.). Damit maßgenaue Werkstücke hergestellt werden können, müssen die Auswirkungen solcher technologischer Einflüsse ermittelt und bei der Bewegungssteuerung berücksichtigt werden.

3.2 Maschinen und Werkzeugsysteme

Die erwähnten Umformverfahren zählen alle zur Gruppe der Verfahren des Druckumformens. Die Bearbeitung der Werkstücke erfolgt daher durch eine ein- oder mehrachsige Druckbeanspruchung in Preß- oder Walzmaschinen. Der Aufbau der Maschinen umfaßt eine zentrale Bearbeitungseinheit mit dem Werkzeug- und Antriebssystem und Einrichtungen zur Werkstückhandhabung während der Bearbeitung. Zur Steigerung der Flexibilität und des Automatisierungsgrads können außerdem Hilfseinrichtungen zum Werkzeugwechsel und Werkstücktransport hinzukommen.

Besondere Bedeutung für den Umformverlauf und die Gestalt der Werkstücke hat der strukturelle Aufbau des Werkzeugsystems, sowie Form und Anzahl der gleichzeitig eingreifenden Werkzeuge. Aus Gründen der Flexibilität werden nach Möglichkeit nur Werkzeuge mit ebenen Wirkflächen eingesetzt. Dies bedeutet, daß der Umfang des Werkstücks von den Werkzeugflächen nicht vollständig umschlossen wird; es bestehen vielmehr freie Oberflächen, die eine exakte Steuerung des Werkstoffflusses während der Umformung verhindern. Besonders Verfahren, die ein einzelnes bewegliches Werkzeug einsetzen (z. B. der Obersattel in Freiform-Schmiedeanlagen), erzeugen am Werkstück große, breitende Oberflächen. Durch Drehen des Werkstücks zwischen mehreren Bearbeitungsstufen, das eine Überdeckung der bearbeiteten Flächen bewirkt, kann bei einigen Verfahren dieser Einfluß teilweise kompensiert werden.

Mehrwerkzeugsysteme, die vor allem in Schmiedemaschinen, Rundknet- und Radialumformmaschinen verwendet werden, bieten aufgrund größerer Umschließungswinkel bessere Steuerungsmöglichkeiten für den Werkstofffluß [34]. Bild 5 zeigt den Aufbau verschiedener Werkzeugsysteme und die Ausbildung von Kernzonen

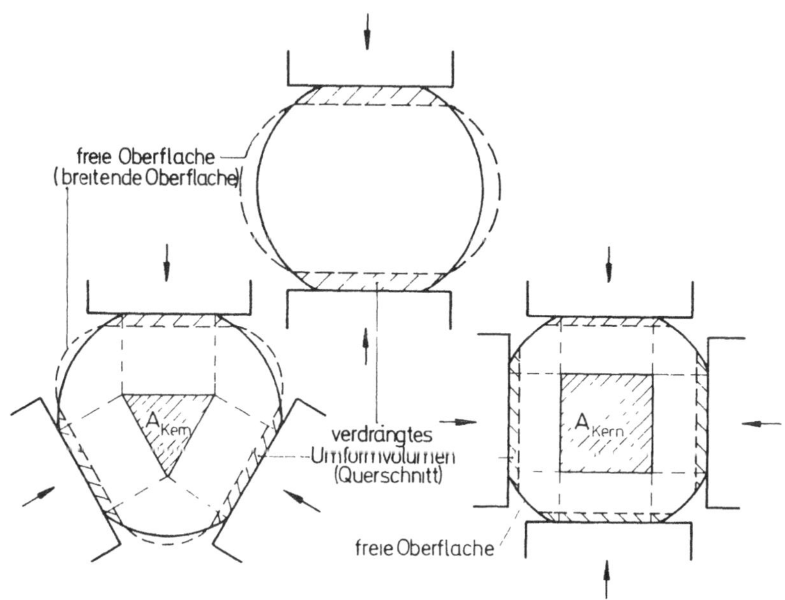

Bild 5: Mehrwerkzeugsysteme nach [34].

und freien Oberflächen. Man erkennt, daß mit zunehmender Werkzeugzahl der druckbeaufschlagte Kernbereich größer wird, wodurch sich die Durchschmiedung des Werkstücks ebenfalls verbessert. Gleichzeitig verringern sich die freien Oberflächen, so daß das ganze verdrängte Werkstoffvolumen axial abfließt und sich als Werkstücklängung auswirkt. Eine Untersuchung des Werkstoffflusses für radialumformende Bearbeitung mit vier Werkzeugen (Bild 6) bestätigt die theoretischen Analysen [35].

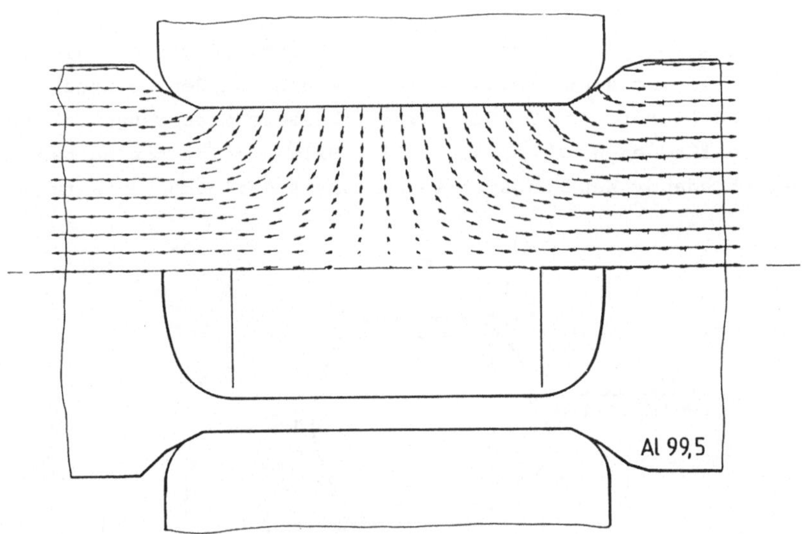

Bild 6: Geschwindigkeitsfeld beim Radialumformen (Visioplasticity) aus [35].

Bei guter Synchronität der Werkzeuge im Arbeitsvorgang kann deshalb bei Anordnungen von vier oder mehr Werkzeugen von einer rein axialen Ausdehnung des Werkstücks ausgegangen werden, wodurch die Bestimmung von Längungseinflüssen während der Bearbeitung erleichtert wird. Sowohl theoretische Lösungen können mit hinreichender Genauigkeit entwickelt, als auch Meßanordnungen konzipiert und eingesetzt werden, um damit die Positionierung der Werkstück-Handhabungseinrichtung fortlaufend zu aktualisieren.

In die Verantwortlichkeit des Steuerungskonzepts fallen neben der Sicherung der Fertigungsqualität durch axiale und radiale Maßhaltigkeit der Werkstücke auch Aspekte, die sich in erster Linie aus dem Betrieb flexibler Umformmaschinen ergeben. Hier ist die allgemeine Kollisionssicherheit zu nennen, die durch eine Vielzahl beweglicher Maschinenachsen und das Auftreten großer Kräfte beeinträchtigt werden kann. Außerdem kann die Produktivität der Anlagen durch eine zeitoptimale Steuerung des Bearbeitungsablaufs und damit der Fertigungszeit pro Werkstück beeinflußt werden. Besonders bei intermittierenden Verfahren treten außer den Hauptzeiten mit Werkzeugeingriff Nebenzeiten auf, die durch effektive Positionierstrategien und parallele Bewegungsabläufe minimiert werden müssen.

3.3 Flexible, automatisierte Fertigungssysteme

Der Einsatz von Umformverfahren in flexiblen Fertigungssystemen setzt außer technischer Eignung auch die Existenz wirtschaftlicher Vorteile voraus. Besonders in gemischten flexiblen Systemen, denen in der Praxis gegenüber reinen flexiblen Umformsystemen die weitaus größere Bedeutung zukommt, erfolgt die Fertigung unter Berücksichtigung technologischer und wirtschaftlicher Vorteile der verschiedenen konkurrierenden Verfahren. Die Vorteile von Umformverfahren liegen dabei in den Bereichen sparsamen Werkstoff- und Energieverbrauchs, günstiger mechanischer Eigenschaften der Werkstücke und kurzer Bearbeitungszeiten.

Günstige Voraussetzungen für eine flexible umformende Bearbeitung ergeben sich sowohl bei der integrierten Herstellung von Werkstück-Vorformen, als auch bei der Fertigbearbeitung. Die Fertigung von Halbzeug durch Schmiede- oder Walzbearbeitung beispielsweise trägt dabei ebenso wie eine Endbearbeitung durch Oberflächen- oder Gewindewalzen zur Nutzung der spezifischen, wirtschaftlichen Vorteile bei.

Der automatische Betrieb von flexiblen Fertigungssystemen erfordert die Verkettung aller Bearbeitungsstationen und eine zentrale Steuerung und Überwachung des Materialflusses und aller Betriebseinrichtungen. Alle Stationen müssen an ein gemeinsames Transportsystem angeschlossen und die einzelnen Bearbeitungsvorgänge aufeinander abgestimmt werden. Werkstücklade- bzw.-entladeeinrichtungen, zur automatischen Bedienung des Werkstück-Transportsystems eingesetzt, werden durch direkte Koppelung mit der betreffenden Maschinensteuerung an deren Funktionsablauf angepaßt. Die Koordinierung und Überwachung der Bearbeitungs-, Handhabungs- und Transportvorgänge des gesamten Fertigungssystems erfolgt durch einen übergeordneten Betriebsrechner (z. B. gleichzeitig DNC-Rechner) im Rahmen einer dispositiven Steuerung. Für die Steuerung der einzelnen Systemeinheiten sind deshalb Anschlüsse bzw. Schnittstellen vorzusehen, die den Aufbau hierarchischer Rechnerstrukturen im Sinne einer DNC-Steuerung nach Abschnitt 2.1 ermöglichen.

4 Pilotanlage

Die Radialumformmaschine RUMX-2000 realisiert ein flexibles umformendes Bearbeitungssystem mit ausgeprägter maschinen- und verfahrenstechnischer Anpassungsfähigkeit an ein breites Teilespektrum. Entwicklung und Erprobung der Maschine haben die automatische und wirtschaftliche Durchführung von Fertigungsaufgaben sowohl im eigenständigen, als auch integrierten betrieblichen Einsatz zum Ziel. Die Auswahl des Umformverfahrens, das auf die Technologie des Rundknetens zurückgeht, das Maschinensystem mit seinen Funktionsgruppen und das numerische Steuerungskonzept sind deshalb auf weitestgehende Flexibilität ausgerichtet. Eine Gesamtansicht der Modellanlage wurde bereits in Bild 1 vorgestellt.

4.1 Maschinenkonzept

Die Grundkonzeption der RUMX-2000 vereinigt eine zentrale Bearbeitungseinheit und eine Werkstück-Handhabungseinrichtung mit ölhydraulischen und elektrischen Antrieben. Zur Erhöhung der Anpassungsfähigkeit und Steigerung der Flexibilität trägt ein integrierter Werkzeugwechsler bei, dessen Rundspeichermagazin sechs komplette Werkzeugsätze aufnehmen kann. Ein Greifarm wechselt die Werkzeuge direkt aus dem Arbeitsraum der Maschine.

Zur Bearbeitung der Werkstücke wird von der Maschine eine aufwendige Kinematik bereitgestellt. Es können vier Hauptbewegungen unterschieden werden: Der Arbeitshub der Werkzeuge führt die Umformung von Werkstückabschnitten durch, die Zustellung der Werkzeuge erzeugt unterschiedliche Querschnittsgrößen, die Drehung des Werkstücks erlaubt die Bearbeitung des gesamten Werkstückumfangs und schließlich der Vorschub des Werkstücks, der die Eingriffsstelle der Werkzeuge axial verschiebt. Diese Bewegungen werden von folgenden Funktionsgruppen übernommen: Die Zentraleinheit enthält vier x-förmig angeordnete hydraulische Stößel (S 1...4) und Werkzeuge zur radialen Krafteinleitung im Arbeitshub; die Zustellung erfolgt über den Spindelgetriebemechanismus der Hublagen

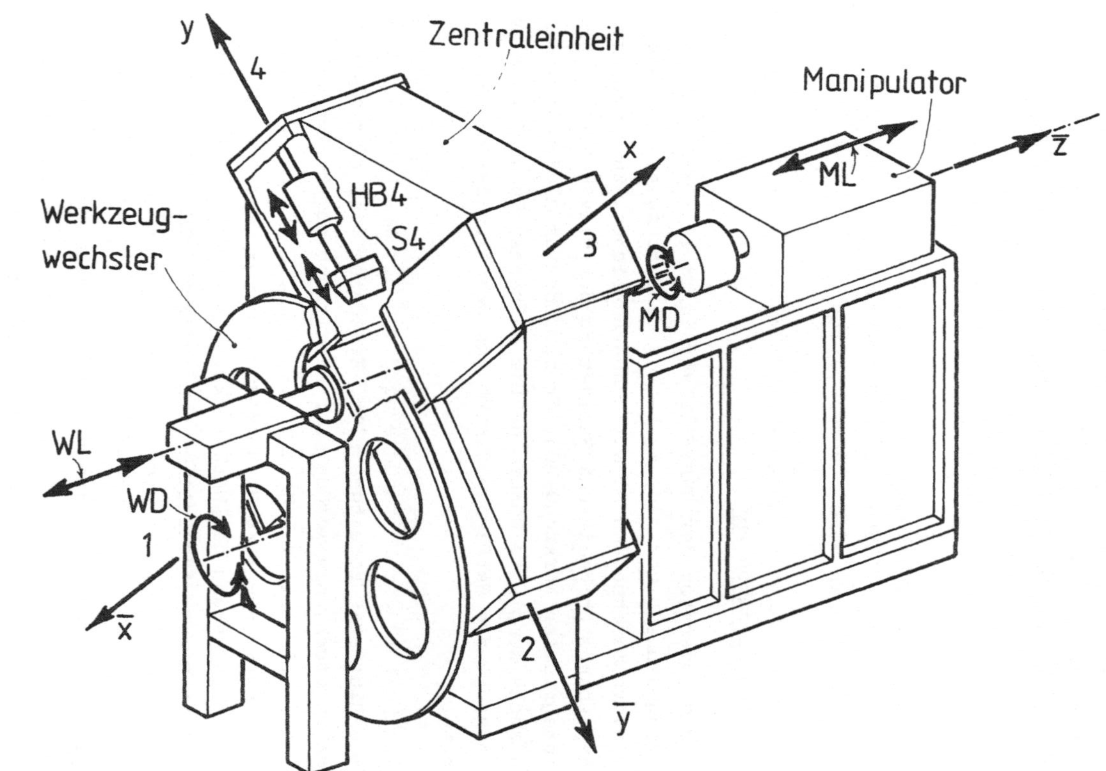

Bild 7: Maschinenbezogenes Koordinatensystem und Bewegungsachsen der RUMX-2000.

(HB1 .4), durch den jeder Stößelzylinder längsachsig verstellt werden kann. Die Werkstückhandhabung übernimmt ein Manipulator, der drehende (MD) und axiale (ML) Werkstückbewegungen ausführt. Eine Prinzipdarstellung der Radialumformmaschine mit ihren Bewegungsachsen und deren Anordnung in einem maschinenbezogenen Koordinatensystem zeigt Bild 7.

Umformkraft und Bewegungsenergie liefern die verschiedenen Antriebssysteme. Hublagen und Manipulator-Drehachse sind mit Gleichstrom-Servomotoren und Thyristor-Stromstellern ausgestattet. Stößel und Manipulator-Längsachse besitzen hydraulische Antriebszylinder. Translatorisch zu bewegende Massen liegen zwischen 800 kg (Stößel) und 1500 kg (Manipulator). Das hydraulische Antriebsaggregat erzeugt bei einem Betriebsdruck von ca. 280 bar eine Nennkraft von 500 kN pro Arbeitsstößel. Die Ölförderleistung aller eingesetzten Pumpen beträgt ca. 300 l/min im Dauerbetrieb. Kurzzeitig erforderliche höhere Fördermengen werden durch einen Hochdruckspeicher abgedeckt.

Tabelle 1: Charakteristische Prozeßsignale der RUMX-2000.

Signalform		Signalquellen u. -senken	Signalfunktion (Beispiel)
	E	indukt. Weggeber	Stoßelposition
analog	E	piezoelektr. Druckgeber	Oldruck
	A	Positionsregler	Stoßelventil, Gleichstromantrieb
	E	indukt. Naherungsschalter	Referenzpunkt
binar	E	mechan. Kippschalter	Endschalter
	A	elektromagnet. Schalter	Ventil-Absperrplatte
impulsform.	E	inkrem. Drehwinkelgeber	Gleichstrommotor
	E	photoelektr. Glasmaßstab	ML-Vorschubachse

Signalrichtung: E Eingabe, A Ausgabe

Sofern die angegebene Dauerleistung nicht überschritten wird oder bei intermittierender Betriebsweise eine geringe Nutzungsdauer mit ausreichend System-Erholzeit vorhanden ist, kann von einem starren hydraulischen Antrieb ausgegangen werden.

Alle Funktionselemente der Anlage werden durch die Steuerung als übergeordnetem Teilsystem koordiniert und verbunden. Die Eingabe, Verarbeitung und Ausgabe der Steuerinformationen erfolgt mit Hilfe geeigneter Meßeinrichtungen und peripherer Schalt- und Anpassungselektronik des Steuerungssystems. Dabei ist eine große Anzahl unterschiedlicher Prozeßsignale zu bedienen, von denen in Tabelle 1 einige charakteristische Beispiele aufgeführt sind.

4.2 Verfahrensbeschreibung und Werkstückspektrum

Kennzeichnend für die Werkstückbearbeitung mit der Radialumformmaschine ist der zyklische Wechsel von Umformung (Arbeitshub) und Positioniervorgängen an Werkstück (Vorschub, Drehung) und Werkzeugen (Zustellung). Zusätzliche Werkstückhandhabungen wie Spannen und Wenden oder das Wechseln der Werkzeuge kommen zu definierten Zeitpunkten im Bearbeitungsablauf hinzu. Eindringtiefe, Vorschub, maximal verfügbare Umformkraft, kinematische Grenzen, sowie geometrische Unverträglichkeiten zwischen Werkstück, Werkzeugen und Maschine stellen die technologischen Randbedingungen bzw. Verfahrensgrenzen dar, die sowohl bei jedem Bearbeitungsschritt, als auch bei der Festlegung von Bearbeitungsstufen und Werkzeugwechsel zu berücksichtigen sind.

Zur Umformung eignen sich in erster Linie Werkstücke mit ausgeprägter Längsachse, die aus Elementen der Typenreihe nach Bild 8 zusammengesetzt sind. Querschnittsgrößen und Formelementtypen sind innerhalb der technischen Gegebenheiten der Maschine nahezu beliebig kombinierbar. Die Querschnittsprofile der zulässigen Formelemente (Vier-, Achteck usw.) ergeben sich aus der Bearbeitung durch vier Werkzeuge mit ebener Wirkfläche. Deshalb können auch kreisförmige Querschnitte nur näherungsweise, z. B. als Sechzehneck, ausgeführt werden. Dabei treten dann radiale Fehler von weniger als 2 % auf [18].

Querschnitt		Konturverlauf	
	Beispiele	konstant	stetig fallend
Kreis	r	z, x, y	z, x, y
Vieleck		z, x, y	z, x, y

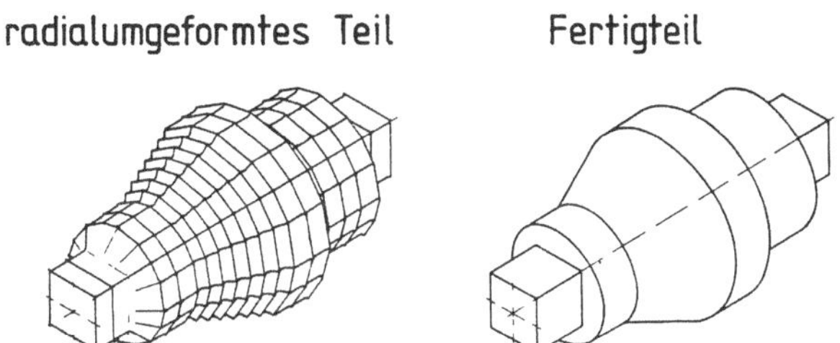

Bild 8: Merkmale radialumgeformter Formelemente und Werkstücke [18].

Eine Erweiterung des vorgestellten Teilespektrums, die in jüngster Zeit in Angriff genommen wurde, stellen Werkstücke mit H-, X- und U-förmigem Querprofil dar, deren Konturverlauf durch Querrippen unterbrochen sein kann. Diese Sonderprofile aus dem Teilespektrum inkrementeller Schmiedeverfahren, die zunehmend als Funktionselemente in modernen Leichtbaukonstruktionen Verwendung finden, können durch entsprechende Werkzeugformen und -anordnungen ebenfalls flexibel hergestellt werden.

4.3 Aufbau des Steuerungssystems

Neben der Steuerung von Maschine und Hilfseinrichtungen erfüllt das Rechnersystem zur Radialumformmaschine (Bild 9) eine Reihe von Funktionen in den Bereichen der NC-Teileprogrammierung, NC-Programmspeicherung und NC-Programmverwaltung. Diese Aufgaben wurden einem Minirechner (Prozeßrechner) übertragen, der über leistungsfähige Betriebs-Software und eine komfortable Bedieneinrichtung zur Programmentwicklung und -speicherung verfügt. Die grundsätzlichen Untersuchungen zur steuerungstechnischen und funktionalen Analyse des Maschinensystems, sowie die Entwicklung einer automatischen Prozeßsteuerung zur Erprobung einer Werkstückfertigung wurden ebenfalls mit Hilfe des Prozeßrechners vorgenommen. Der erwähnte Bedienkomfort von Minirechnersystemen ist in dieser Phase einer Entwicklung von ausschlaggebender Bedeutung.

Es hat sich jedoch sehr bald gezeigt, daß mit einer Prozeßrechner-Konfiguration eine optimale Anpassung der Steuerung an das Fertigungssystem und die Durchführung optimaler Betriebsabläufe nur unvollständig zu verwirklichen war. Die Parallelsteuerung mehrerer Maschinenachsen beispielsweise und die Verarbeitung von Unterbrechungssignalen kann unter kritischen Zeitbedingungen nur eingeschränkt erfolgen und führt deshalb zu Einbußen hinsichtlich der Positionier- und Fertigungszeiten.

Der Aufbau eines verteilten Rechnersystems mit Untersystemen, die nach speziellen Teilaufgaben spezifiziert und angepaßt werden, kann diese Engpässe beseitigen. Zur Achsensteuerung wird ein Mikrocomputer-Steuerungssystem (MCNC) mit MPST-Spezifikation eingesetzt. Der Funktionsumfang dieses Systems kann sukzessive erweitert werden und läßt damit genügend Raum für aktuelle und zukünftige Entwicklungen.

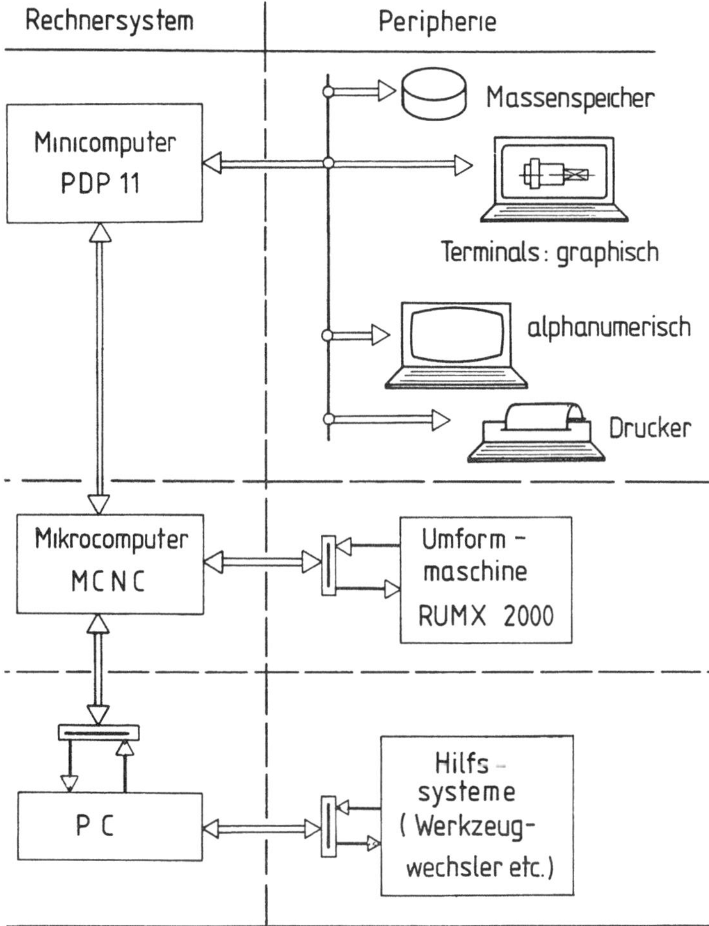

Bild 9: Rechner- und Steuerungssystem.

Zur Steuerung und Überwachung des Werkzeugwechslers steht eine einfache PC-Steuerung zur Verfügung, die zur Synchronisierungszwecken ebenfalls in den Rechnerverbund eingegliedert wurde.

5 Rechnergeführte Steuerung der Radialumformmaschine

Im Mittelpunkt der Untersuchungen steht die Entwicklung eines Programmsystems, das die Vielzahl von Aufgaben der Steuerung und Informationsverarbeitung im Hinblick auf eine flexible Fertigung mit der Radialumformmaschine realisiert. Das Programmsystem gründet sich im Bereich prozeßnaher Steuerungsfunktionen auf Programmbausteine, die einerseits die speziellen Voraussetzungen und Erkenntnisse bei der Ansteuerung der eingesetzten Antriebe, andererseits auch die technologischen Anforderungen der Verfahrensführung berücksichtigen.

Die Entwicklung erfolgt zunächst ohne Einbeziehung der Gesichtspunkte einer optimierenden, automatischen Prozeßführung. Diese Aspekte sind hauptsächlich Gegenstand der Untersuchungen in Kapitel 7.

5.1 Rechnergestützte Ablaufplanung

Ein rationeller und aussichtsreicher Einsatz der Radialumformmaschine in der flexiblen Fertigung setzt eine effektive Methode zur Teileprogrammierung voraus. Die Kinematik der Maschine und die Technologie des Radialumformens, sowie die Komplexität der herzustellenden Werkstücke führen in vielen Fällen zu einem erheblichen Aufwand bei der Erstellung werkstückspezifischer NC-Steuerdaten, der nur durch ein maschinelles Programmiersystem zu bewältigen ist (siehe Abschnitt 2.3). Zur Automatisierung der Ablaufplanerstellung ist besonders für schwierige Werkstücke eine rechnergestützte NC-Programmierung wünschenswert, durch die der ganze Bearbeitungsverlauf anhand geometrischer und technologischer Vorgaben selbsttätig festgelegt wird.

Ein Programmsystem zur automatischen Ablaufplanerstellung wurde deshalb parallel zur Entwicklung des Maschinen- und Steuerungssystems der RUMX-2000 in Angriff genommen [18, 35]. Dieses Programmsystem Radialumformen (PRORUM) eignet sich zur Aufbereitung eines Teilespektrums vornehmlich wellenartiger Werkstücke mit ausgeprägter Längsachse und wechselnden

Querschnittsgrößen und -formen (siehe Abschnitt 4.2). Die Berechnung der Bearbeitungsfolgen und der zugehörigen Maschinenparameter geht von einer elementweisen Darstellung der gewünschten Endform des Werkstücks aus und erfolgt unter Berücksichtigung einer technologischen und wirtschaftlichen Optimierung des Fertigungsablaufs. Die wichtigsten Einflußbereiche sind die Optimierung des Werkstoffflusses mit dem Ziel einer guten Durchschmiedung des Werkstücks und die erforderliche Umformkraft. Diese Maßnahmen betreffen vor allem die Festlegung der Vorschübe und Durchmesserreduzierungen pro Arbeitshub, sowie die Auswahl geeigneter Werkzeuge. Eine einfache Kollisionsprüfung anhand der werkzeugspezifischen minimalen Werkstückdurchmesser bestimmt, wann auf einen intermittierenden 2/2-Stößelbetrieb übergegangen werden muß. Hilfsfunktionen des Fertigungsablaufs, wie z. B. das Wenden des Werkstücks zur beidseitigen Bearbeitung, werden automatisch eingefügt.

Bei Werkstücken des erweiterten Teilespektrums (H-, X-Profile) ist das Programmsystem PRORUM nicht einsetzbar. Eine genaue Vorausberechnung des Werkstoffflusses ist dabei aufgrund mangelnder Symmetrieeigenschaften der Querschnitte oder freier Werkstückoberflächen oft schwer durchführbar. Die Fertigung maßgenauer Werkstücke erfordert daher zumeist mehrere Korrekturläufe. Die Rechnerunterstützung der Teileprogrammierung im hierfür vorgesehenen Programm NCPROG beschränkt sich bisher auf eine interaktive Dateneingabe und Speicherung manuell erstellter NC-Steuersätze und eine Korrekturmöglichkeit im Dialog.

Die NC-Programme werden zunächst in tabellarischer und graphischer Darstellung ausgegeben und gleichzeitig als Files auf Datenträgern abgespeichert. Die Information der NC-Sätze ist noch bezüglich der Werkstückgeometrie dimensioniert und gestattet so eine einfache visuelle Kontrolle. Zur Weiterverarbeitung der Steuerdaten, insbesondere deren Umrechnung auf das maschinenbezogene Koordinatensystem, wird ein Anpassungsprogramm (Postprocessor) verwendet. Neben der automatischen Prüfung der Datenformate und -inhalte erfolgt auch eine Entwicklung und Codierung einzelner Steuerfolgen in inkrementeller Darstellung. Für jeden Betriebszustand der Radialumformmaschine während einer Teilebearbeitung entstehen Steuerdatensätze, die direkt vom Maschinensteuerprogramm ausgewertet werden können. Angepaßte NC-Programme werden ebenfalls als Datenfiles abgelegt.

Die einzelnen Programmsysteme der Werkstückprogrammierung und deren Zusammenwirken sind in Bild 10 dargestellt. Die Programmierung erfolgt off-line und kann daher auch unabhängig vom Steuerungsrechnersystem der Radialumformmaschine auf beliebigen Rechenanlagen, z. B. Klein- oder Tischrechnern, durchgeführt werden, so daß die Verfügbarkeit des Fertigungssystems nicht beeinträchtigt wird.

5.2 Steuerung des Prozeßablaufs

Die Durchführung von Bearbeitungsaufgaben nach vorgeplantem Ablauf erfordert zuerst eine Initialisierung der Stellantriebe und Meßmittel zur Feststellung der aktuellen Ausgangssituation bzw. zur Einstellung einer definierten Grundposition. Hublagen- und Stößelwege liegen in derselben geometrischen Achse und werden durch jeweils denselben analogen Meßwertgeber repräsentiert. Zur Initialisierung werden daher alle Stößel in ihre hintere Endlage gebracht und nehmen damit eine definierte Relativposition zur Hublage ein. Positionierachsen mit inkrementeller Meßwerterfassung werden nach Anfahren der entsprechenden Referenzpunkte initialisiert.

Während des Fertigungsablaufs treten neben Positioniervorgängen zur zyklischen, schrittweisen Werkstückbearbeitung auch dann Achsenbewegungen auf, wenn Eingriffe durch periphere Einrichtungen erfolgen sollen. Definierte Hublagen- und Manipulatorstellungen sind beispielsweise anzufahren, um dem Werkzeugwechsler den Zugriff in den Arbeitsraum zu ermöglichen, um Roh- bzw. Fertigteile ein- bzw. auszubringen oder das Werkstück bei zweiseitiger Bearbeitung zu wenden. Be- und Entladen sowie Wenden des Werkstücks erfolgen in der gegenwärtigen Ausbaustufe der Anlage noch von Hand.

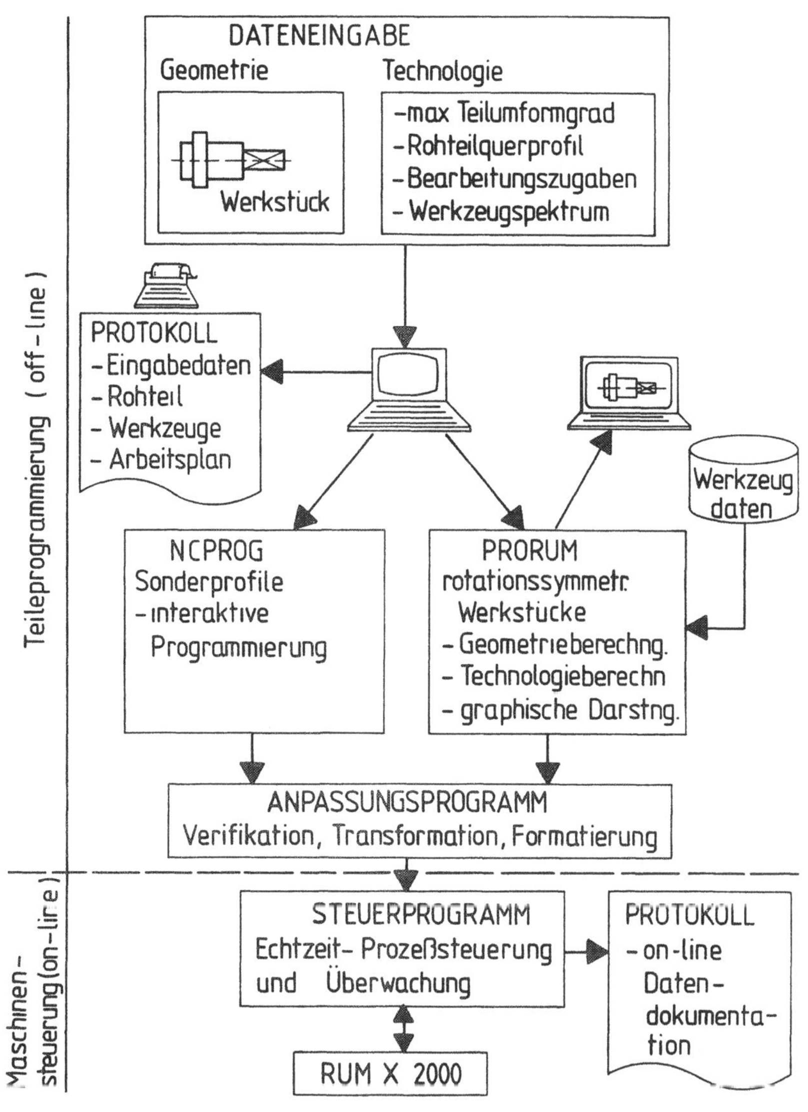

Bild 10: Automatisches Programmier- und Steuerungssystem.

Zur programmtechnischen Realisierung des gesamten Bewegungsablaufs erweist sich eine modulare Struktur in Anlehnung an die funktionalen Betriebsphasen der Radialumformmaschine als zweckmäßig. Ein zentrales Organisationsprogramm steuert nach vorgegebenem Ablaufplan die Funktionsmodule für Initialisierung und Fertigungszyklus mit Arbeitshub, Werkstück- und Werkzeugpositionierung, für den Werkzeugwechsel und die manuelle Werkstückhandhabung. Durch Einfügen neuer Funktionsmodule ist diese Struktur leicht erweiterbar, falls zum gegenwärtigen Betriebsumfang der Anlage weitere Funktionen hinzutreten.

5.2.1 Arbeitshub

Der Programmodul 'Stößelsteuerung' realisiert die Maschinenfunktionen der Bearbeitungsphase 'Arbeitshub'. Der Arbeitshub setzt sich aus dem Stößelvorlauf mit der Umformung und dem Stößelrücklauf zur Werkstückfreigabe zusammen. Neben der Steuerung der Fahrwege ist dabei für alle beteiligten Stößel die erforderliche hydraulische Umformkraft bereitzustellen.

Zur Ansteuerung der doppeltwirkenden Stößelzylinder werden elektro-hydraulische Servoventile eingesetzt. Servoventile nehmen eine Zwischenstellung zwischen Weg- und Stromventilen ein und dienen zur Richtungs- und Volumenstromsteuerung des Hydrauliköls. Der Stellhub des Steuerkolbens ist stetig und proportional zum elektrischen Eingangssignal verstellbar.
Alle Hydraulikzylinder sind außerdem mit Absperrplatten ausgestattet, durch die der Ölkreislauf unterbrochen und der Stößel festgesetzt werden kann. Beim Entwurf der Steuercharakteristik zur Ansteuerung der Stößelzylinder sind statische und dynamische Grenzwerte der Antriebselemente und technologische Bedingungen des Umformvorgangs zu berücksichtigen. Längs des gesamten Fahrwegs und besonders im Bereich des Umformwegs ist ein ausreichender hydraulischer Öldruck zur Erzeugung der Stößelkraft erforderlich, der eine Sollwertvorgabe nach einem Lageregelungsverfahren ausschließt. Die vordere Endlage der Stößel wird deshalb durch Festanschlag eingestellt und muß

mit ausreichender Querschnittsöffnung der Ventile erreicht werden. Eine weitere verfahrensbedingte Maßnahme betrifft den längsachsigen Werkstofffluß während der Umformung (siehe Abschnitt 3.2). Das Eindringen der Werkzeuge in das Werkstück zu Beginn der Umformung wird durch eine Druckmeß- und Komparatorschaltung gemeldet. Darauf wird der Hydraulikzylinder der Manipulator-Längsachse durch Öffnen eines Zusatzventils drucklos geschaltet, so daß die Werkstücklängung durch den nun frei verschiebbaren (zurückweichenden) Manipulator ausgeglichen werden kann. Dabei muß die Verschiebung gemessen und der Istwert der Manipulator-Längsachse entsprechend aktualisiert werden.

Unter der Voraussetzung eines starren hydraulischen Antriebssystems nach Abschnitt 4.1 sind für eine detaillierte Festlegung des Sollwertverlaufs die Kennwerte der Servoventile maßgebend. Zunächst darf eine maximale Durchflußmenge nicht überschritten werden, damit die Funktions- und Dichtungselemente des Ventils nicht beschädigt werden. Die Kolbengeschwindigkeit des Stößels ist deshalb auf eine verträgliche Größe zu begrenzen. Im konkreten Fall werden Servoventile mit einer Durchflußmenge von 100 l/min und Zylinder mit einem wirksamen Durchmesser von 110 mm verwendet [36]. Der Maximalwert des Ansteuersignals ist damit so zu begrenzen, daß eine Fahrgeschwindigkeit von max. 175.4 mm/s nicht überschritten wird.

Für Beschleunigungs-, Brems- und Umsteuerfunktionen ist die dynamische Belastbarkeit des Servoventils zu beachten. Das dynamische Verhalten eines Servoventils wird durch seinen Frequenzgang (Bode-Diagramm) wiedergegeben [37, 38] Die Darstellung von Amplitudenverhältnis und Phasenverlauf in Abhängigkeit von der Frequenz eines sinusförmigen Ansteuersignals (Bild 11) zeigt Bereiche quasi-linearen und zunehmend gedämpften Übertragungsverhaltens mit steigender Nacheilung (Phasenverschiebung). Charakteristisch für die Bereichsgrenze ist die sogenannte Eckfrequenz (Grenzfrequenz, -3dB-Frequenz, -45°-Frequenz), bei der die Amplitudendämpfung und Phasennacheilung stark zunehmen.

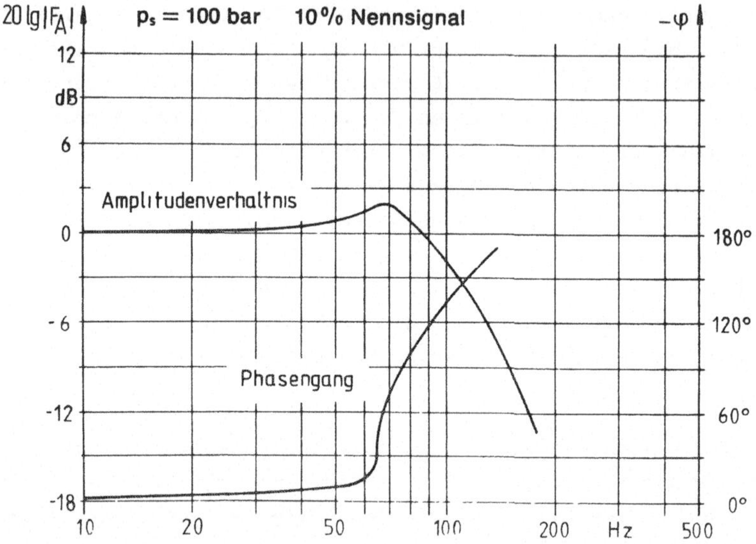

Bild 11: Frequenzgang des Servoventils [36].

Die Eckfrequenz ist von der Amplitude des Erregersignals abhängig, ihr Einfluß wird als Informationsvolumen (Bild 12) bezeichnet.

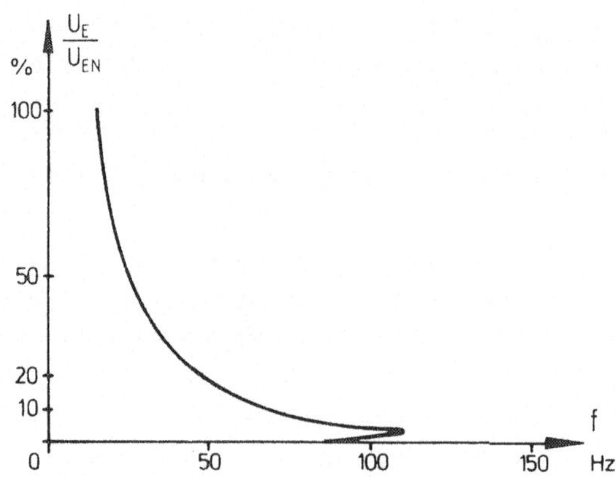

Bild 12: Informationsvolumen [36].

Um eine ungedämpfte Reaktion des Servoventils ohne störende Nacheilung zu erhalten, darf eine definierte Grenzkurve des

Anstiegsverlaufs und eine definierte Anstiegsdauer nicht unterschritten werden. Diese Grenzkurve läßt sich aus dem Informationsvolumen bestimmen und wurde in Bild 13 dargestellt. Die Reaktion des Ventils ist grundsätzlich mit einer Totzeit behaftet. Für die praktische Anwendung bietet sich eine Linearisierung der Grenzkurve durch eine Anstiegsrampe an. Die Anstiegsrampe kann so definiert werden, daß sie außerhalb der Totzeit nur im ungedämpften Bereich verläuft (1). Sie ist dann für alle Sollwertänderungen zulässig, erreicht jedoch keine optimalen Anstiegszeiten. Sind keine Anforderungen an Dämpfung und Nacheilung während der Beschleunigungsphase gestellt, können für alle Sollwertänderungen mit Hilfe der minimalen Anstiegsdauer optimale Rampenverläufe ermittelt werden (2).

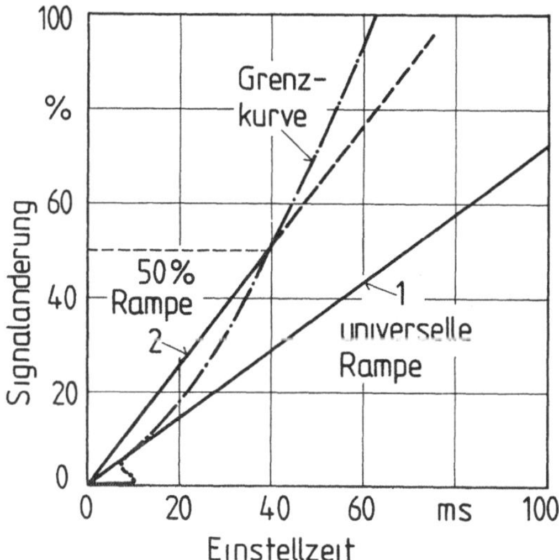

Bild 13: Ansteuerung der Servoventile.

Im lastfreien Zustand des Servoventils entfallen eine Reihe der Ursachen für die Signalverzögerung [37], so daß eine sprunghafte Ansteuerung möglich wird. Der lastfreie Zustand besteht im wesentlichen dann, wenn kein Öldurchfluß stattfindet. Bei der Stößelsteuerung ist dies der Fall, solange die Absperrplatten geschlossen oder der Kolben eine seiner beiden Endlagen erreicht hat. Die gesamte Steuercharakteristik der Stößelventile im Arbeitshub läßt sich damit in die in Bild 14 gezeigte Prinzipdarstellung zusammenfassen.

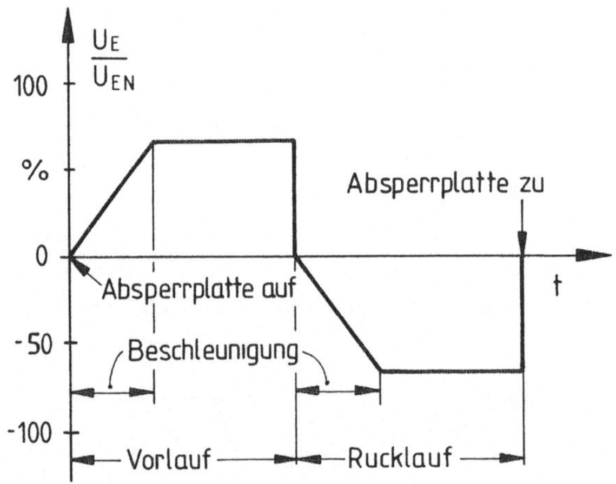

Bild 14 : Steuercharakteristik im Arbeitshub.

Die Programmierung des Moduls 'Stößelsteuerung' anhand der Steuercharakteristik erfolgt nach dem Ablaufplan in Bild 15. Der Aufbau des Programmoduls erfolgt teilweise aus universellen Schalt- und Signalfunktionen für die Absperrplatten und Ventilsignale, die in Form einer Funktionenbibliothek zusammengefaßt sind. Spezielle Anpassungen des Moduls und seiner Unterfunktionen an verschiedene Betriebsabläufe erfolgen durch eine Parametrierung beim Aufruf. Die Steuerung des 4 bzw. 2/2-Stößelbetriebs erfordert zum Beispiel die entsprechende Besetzung des Parameters 'Stößelanzahl'. Während des Vorlaufs wird zur Freischaltung des Manipulators eine Interrupt-Routine aktiviert, die auf die Signale der Druckkomparatoren reagiert. Der Programmablauf umfaßt außerdem Funktionen zur Stößel-Synchronisierung, weil optimale Verfahrensbedingungen bei der Umformung in erster Linie vom synchronen Eingriff aller Werkzeuge bestimmt werden. In Kapitel 7 wird deshalb im Rahmen der Optimierungsmaßnahmen im Steuerungssystem eine komplexe Regelungsstruktur zur Vorlaufsynchronisierung entwickelt und eingesetzt.

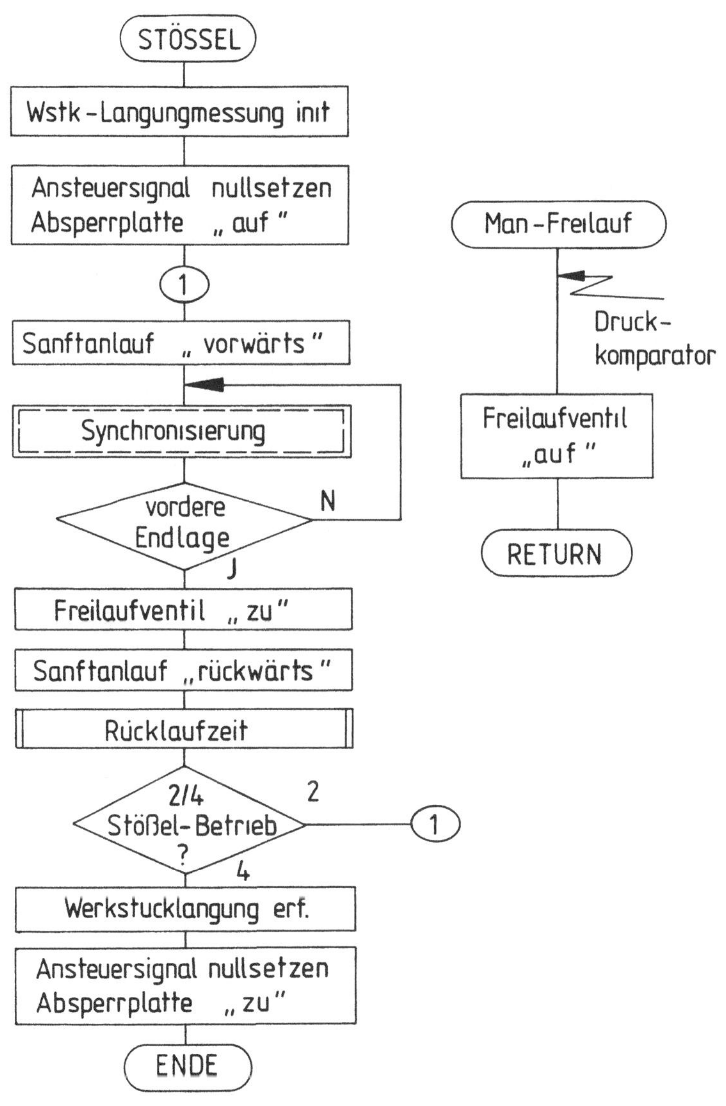

Bild 15: Programmodul 'Stößelsteuerung'.

5.2.2 Positionierung

Innerhalb des Bearbeitungszyklus sind alle Steuerfunktionen zur Positionierung von Werkstück und Werkzeugen durch einen Programmodul 'Positionierung' zusammengefaßt. Die Positionierung erfolgt in vier Hublagen- und zwei Manipulatorachsen. Für die Hublagenachsen und die Drehachse des Manipulators werden elektromechanische Antriebe mit drehzahlverstellbaren Gleichstrom-Permanentmagnetmotoren (sog. Gleichstrom-Servoantriebe) und Schneckengetriebe eingesetzt. Die Lageeinstellung des Manipulators in der Längsachse erfolgt über einen Hydraulikzylinder mit Servoventil. Außerdem sind Absperrplatte bzw. mechanische Stillstandsbremsen zuschaltbar.

Die Positioniergenauigkeit dieser Maschinenachsen bestimmt unmittelbar die Maßhaltigkeit des Werkstücks. Deshalb sind enge Toleranzen einzuhalten. Aus der Dauer der Positioniervorgänge ergibt sich eine weitere Anforderung an die Positionierfunktionen, weil durch deren zyklische Aktivierung bei jedem Arbeitsschritt ein wesentlicher Anteil der Fertigungszeit des Werkstücks beeinflußt wird. Eine Minimierung der Fahrzeiten ist deshalb für eine effektive Maschinennutzung unumgänglich.

Ein Positioniervorgang setzt sich aus zwei oder drei Phasen zusammen [39]. In der ersten Phase wird der Antrieb beschleunigt. Bei der hydraulisch angetriebenen Positionierachse ergeben sich dieselben Bedingungen für einen Sanftanlauf wie bei der Stößelsteuerung. Die elektromechanischen Antriebe erfordern zur Begrenzung des Ankerstroms ebenfalls eine rampenförmige Beschleunigungsphase.

Bei entsprechend langem Fahrweg folgt eine Phase mit konstanter Fahrgeschwindigkeit. Hier gelten für die Bestimmung der Geschwindigkeiten die Grenzen der statischen Belastbarkeit der Antriebe. In der letzten Positionierphase wird der Antrieb abgebremst. Diese Phase ist für das Erreichen des Zielpunkts entscheidend. Der Zeitpunkt für das Einsetzen des Bremsvorgangs ist so zu wählen, daß bei maximalem Verzögerungsmoment die Fahrgeschwindigkeit zu Null wird, wenn die gewünschte

Position mit ausreichender Genauigkeit erreicht ist.

Eine gute Positioniergenauigkeit läßt sich nur durch eine Lageregelung sicherstellen. Die Positionierung nach einer Lagesteuercharakteristik ohne Ruckmeldung der Lageistwerte setzt konstante Anfangsbedingungen und konstante Bremswege voraus. Diese sind jedoch nicht gegeben, da durch den Wechsel von Werkstücken und Werkzeugen Veränderungen der zu bewegenden Massen und damit der Trägheitsmomente auftreten. Bei der Positionierung durch Lageregelung können stetige und unstetige Regelverfahren eingesetzt werden [40]. Die stetige Lageregelung, bei der ein stetiger Zusammenhang zwischen Geschwindigkeit und Lageregelabweichung besteht, eignet sich besonders für Bahnsteuerungen. Punkt- und Streckensteuerungen können auch unter Verwendung des Prinzips Abschaltkreis erfolgen. Hierzu wird die Rückführung der Lageistwerte nur zum Abbremsen der Vorschubbewegung in einer stetigen, linearen Lageregelung genützt. Dieses Verfahren eignet sich besonders für eine Anwendung in digitalen, rechnergeführten Regelsystemen, weil während der Phase konstanter Verfahrgeschwindigkeit kaum Prozessorbelastung auftritt.

Der Abbremsvorgang verläuft zeitoptimal, wenn die Verstärkung des Lageregelkreises so eingestellt wird, daß die Abbremsung rechtzeitig eingeleitet wird und während des gesamten Abbremsvorgangs mit maximalem Moment erfolgt. In Bild 16 ist das unterschiedliche Einlaufverhalten bei optimaler, zu kleiner und zu großer Reglerverstärkung dargestellt. Bei optimaler Verstärkung ergibt sich ein linearer Verlauf der Geschwindigkeit und ein parabelförmiger Wegverlauf. Verstärkungsfehlanpassungen werden jedoch auch durch eine Änderung der Charakteristik der Regelstrecken z. B. durch Reibungsänderungen hervorgerufen und führen zu einem asymptotischen Abbremsvorgang von entsprechend längerer Dauer. Bild 17 zeigt einen Positioniervorgang der Manipulator-Längsachse für einen Weg von ca. 12 mm und die Reduzierung der Positionierdauer durch eine optimale Reglerverstärkung. Der kurze Fahrweg von 12 mm wird in einem zweiphasigen Positioniervorgang zurückgelegt.

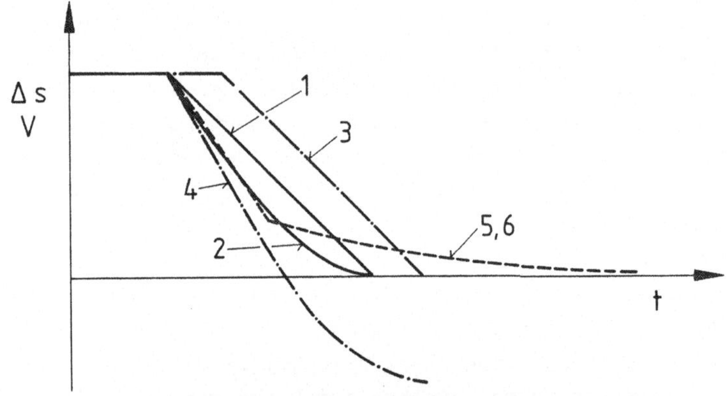

1- Geschwindigkeit bei optimaler Verstärkung
2- Wegfehler bei optimaler Verstarkung
3- Geschwindigkeit bei zu großer Verstarkung des Lagereglers
4- Wegfehler bei zu großer Verstarkung des Lagereglers
5,6- Geschwindigkeit und Wegfehler, wenn Verstärkung des Lagereglers zu klein

Bild 16: Positioniervorgang bei linearer Lageregelung [39].

Die Weg- und Geschwindigkeitsverläufe sind mit einer beträchtlichen Totzeit behaftet, die durch das elastisch koppelnde Antriebsmedium (Hydrauliköl) und die große Masse des Manipulators von ca. 1500 kg bedingt ist. Wird für alle Verfahrwege dieselbe Anstiegsrampe verwendet, so entsteht beim direkten Übergang von der Anstiegs- in die Bremsphase ein Sollwertsprung, der vom augenblicklichen Wegfehler und der Reglerverstärkung abhängig ist. Der Sollwertsprung ist jedoch tolerierbar, da die Anstiegsdauer der Rampe vollständig innerhalb der Totzeit und damit im lastfreien Zustand des Ventils liegt (vgl. Abschnitt 5.2.1).

Die elektrischen Antriebssysteme der Hublagen und Manipulator-Drehung allerdings können nur sehr begrenzt mit Sprung-

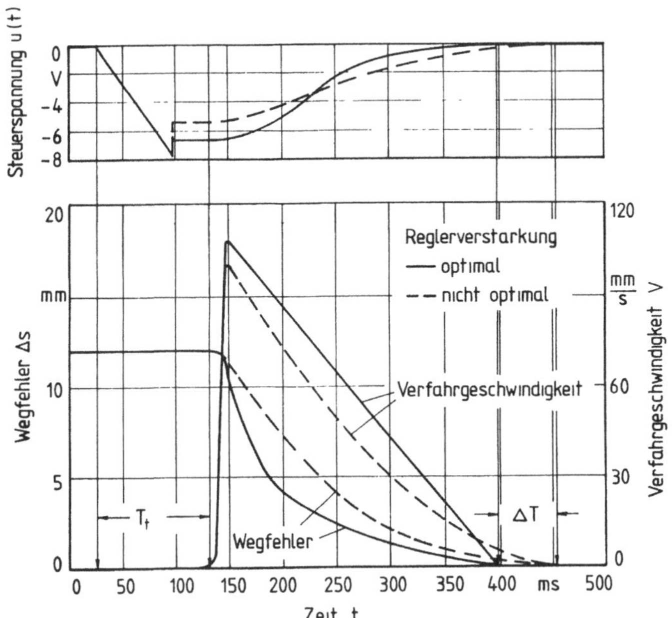

Bild 17: Positionierung der Manipulator-Längsachse.

signalen beaufschlagt werden. Da hier jedoch aufgrund kleinerer translatorisch zu bewegender Massen und der erheblich steiferen mechanischen Kopplung nur geringe Reaktionszeiten auftreten, kann die Ansteuerung so dimensioniert werden, daß der Antrieb innerhalb seiner dynamischen Grenzen folgen kann.

5.2.3 Nichtzyklische Abläufe

Zur Integration peripherer Hilfseinrichtungen und zur Erleichterung der Maschinenbedienung werden zusätzliche Steuerfunktionen eingeführt, die außerhalb des Bearbeitungszyklus ohne Werkzeugeingriff ablaufen. Es handelt sich hierbei um das Einstellen definierter Positionen in einer oder mehreren

Maschinenachsen, damit Werkzeuge und Werkstück zugänglich werden.

Das Einbringen und Spannen des Werkstücks im Backenfutter des Manipulators wurde bisher nicht in den automatischen Ablauf einbezogen, da im allgemeinen zu diesem Zeitpunkt der Fertigung im Steuersystem bei nicht initialisierter Maschine keine Informationen über Achsenpositionen und Werkstückgeometrie vorliegen. Das Werkstück wird deshalb mit Hilfe der Funktionstasten des Bedienfeldes eingespannt.

Werkstück-Wendeposition und Werkstück-Entnahmeposition ergeben sich aus dem betreffenden aktuellen Maschinenzustand und werden automatisch nach Beendigung des letzten Bearbeitungszyklus angefahren. Hierzu werden die Werkzeuge in die Grundposition außerhalb des Werkstück-Rohteildurchmessers gebracht, damit beim Ausfahren des Manipulators keine Kollision auftritt. Der Manipulator fährt so weit zurück, daß das Werkstück senkrecht nach oben ausgebracht werden kann.

Eine weitere zusätzliche Steuerfunktion organisiert und überwacht den Werkzeugwechsel. Zunächst wird wieder unter Berücksichtigung der Kollisionsbedingungen das Werkstück aus dem Arbeitsraum entfernt. Dann werden die Werkzeuge durch Verfahren in den Stößel- und Hublagenachsen in eine definierte Wechselposition gebracht, die durch die Greifposition des Werkzeugwechslers bestimmt ist. Beim Einstellen sind dabei enge Positionstoleranzen einzuhalten, damit kein Verklemmen in den Aufnahmen auftritt. Der Werkzeugwechsel erfolgt nach Freigabe der PC-Ablaufsteuerung. Weiterhin müssen die einzuwechselnde Werkzeugnummer im Magazin und eine Magazin-Drehrichtung ausgegeben werden. Diese Drehrichtung ist abhängig von alter und neuer Werkzeugnummer so zu bestimmen, daß eine möglichst geringe Wechselzeit entsteht. Magazin-Drehbewegungen um Winkel über 180 ° sind deshalb zu vermeiden. Die Bestimmung der Drehrichtung erfolgt mit einer Zuordnung nach Bild 18. Drehwinkel um 180 ° werden natürlich in beiden Drehrichtungen gleich schnell durchlaufen und können daher beliebig festgelegt werden. Die Funktionszustände der PC-

Zielposition	Ausgangsposition 1	2	3	4	5	6
1	—	R	R	R/L	L	L
2	L	—	R	R	R/L	L
3	L	L	—	R	R	R/L
4	R/L	L	L	—	R	R
5	R	R/L	L	L	—	R
6	R	R	R/L	L	L	—

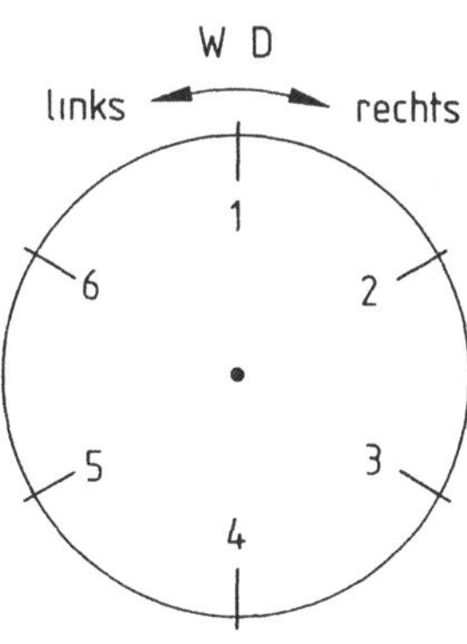

R Rechtsdrehung , — keine Drehung ,
L Linksdrehung , R/L beliebig

Bild 18: Bestimmung der Drehrichtung des Werkzeugwechslers.

Steuerung werden durch die Maschinensteuerung überwacht und gegebenenfalls beeinflußt bzw. abgebrochen.

Nach Beendigung des Werkzeugwechsels muß die Geometrie des neuen Werkzeugsatzes in das Steuerungssystem übernommen werden. Die Werkzeuge der einzelnen Sätze besitzen alle die gleiche Länge. Sie unterscheiden sich jedoch in ihrer wirksamen Fläche und damit in erster Linie in ihrem Eingriffspunkt bezüglich der ML-Koordinatenachse. Der Unterschied wird durch 'Verschieben' der ML-Koordinate ausgeglichen und beim Zurückfahren des Manipulators in den Arbeitsraum berücksichtigt.

5.3 Fehlerzustände

Der automatische Betrieb der Radialumformmaschine erfordert eine wirksame Fehlerbehandlung durch das Steuerungssystem, damit Gefahrenzustände rechtzeitig erkannt und abgewendet werden können.

5.3.1 Ursachen und Auswirkungen

Man unterscheidet Störungsursachen aufgrund unvorhersehbarer, willkürlicher Einflüsse und systematische oder systembedingte Fehlerursachen [41]. Systematische Fehler sind reproduzierbar und wurden deshalb im Verlauf der Prozeßidentifikation analysiert und grundsätzlich berücksichtigt. Zur Korrektur von systematischen Fehlern waren sowohl Softwarehilfen in Form von Funktionstest- und Justierprogrammen, als auch Hardwareanpassungen erforderlich. Eine ausreichende Entstörung oder Störungskompensation der Übertragungswege von Prozeßsignalen wurde zu Beginn der Inbetriebnahmephase von Maschinenanlage und Steuerungssystem vorgenommen.

Nicht vorhersehbar sind Fehlereinflüsse durch zeitweiligen oder permanenten Ausfall von Komponenten des Steuerungs-, Antriebs- oder Meßsystems. Diese Störungen führen in den meisten Fällen zu irregulären Betriebszuständen und erfordern deshalb außerplanmäßige steuerungstechnische Aktionen. Das Auftreten von Fehlern ist eine Folge der mangelhaften Zuverlässigkeit der Systemkomponenten. Generell läßt sich festellen, daß Ausfälle des elektronischen Steuerungssystems aufgrund von Programmierfehlern zu Beginn eines Automatisierungsvorhabens die häufigsten Störungsursachen bilden. Die Zuverlässigkeit der Steuerungssoftware steigert sich allerdings zunehmend mit der Anzahl vorgenommener Testläufe und Erfahrungen während des Betriebs. Im Gegensatz dazu verringert sich die Zuverlässigkeit mechanischer oder elektrischer Systemkomponenten aufgrund vermehrter Abnützungs-, Korrosions- oder Alterungserscheinungen. Als besonders anfällig dürfen dabei elektrische Steckverbindungen und Kabel, aber auch mechanische, elektrische und hydraulische Schalt-

und Verstärkerelemente betrachtet werden, die häufig mit zunehmender Betriebsdauer ihre Funktionscharakteristik verändern.

Die Fehlerursachen können nach ihren Auswirkungen auf das Betriebsverhalten in gefährliche und ungefährliche unterschieden werden. Gefährliche Fehler haben eine Beeinträchtigung der Sicherheit des Systems zur Folge und können unmittelbar zu Unfallschäden führen, wenn zum falschen Zeitpunkt oder am falschen Ort unkontrollierte Kräfte auftreten. Zu den gefährlichen Fehlern müssen alle Störungen der Meßsysteme und alle Programmfehler gerechnet werden, da in diesen Fällen die Kontrolle über den momentanen Bewegungsverlauf der Maschine verlorengeht. Der Ausfall von Antriebselementen führt in erster Linie zu einem Stillstand der betreffenden Maschinenachse. Diese Auswirkung kann als ungefährlich gelten, wenn keine Überschneidung von Verfahrbereichen oder Verfahrwegen mit anderen Achsen besteht.

5.3.2 Störfallstrategie

Die wichtigste Voraussetzung zur Behandlung von Störfällen ist das automatische Erkennen unerwünschten Funktionsverhaltens durch Einrichtungen des Steuerungssystems. Kritische Prozeßgrößen müssen stetig erfaßt und einer Grenzwertkontrolle unterzogen werden, um eine Fehlentwicklung frühzeitig zu erkennen. Solche Überwachungseinrichtungen sind in der Regel als 'Überlastungsschutz' im Leistungsteil unabhängig von der Steuerung realisiert.

Auf der Steuerungsebene erfolgt eine Funktionsüberwachung durch ein- oder mehrmaligen Positionsvergleich. Diese Überwachung läßt sich bei allen Vorschubbewegungen durch Positionssteuerung (z. B. Stößel-Rücklaufkontrolle) durchführen. Bei den lagegeregelten Achsen der Hublagen und des Manipulators bietet sich eine Grenzwertkontrolle der Regelabweichung (Schleppabstandsüberwachung) an. Zur globalen Überwachung von Schrittfolgen werden weiterführende Übergangsbedingungen definiert, die eine funktionale Verriegelung der Steuerschritte untereinander bewirken.

Ein Steuerschritt wird erst dann beendet, wenn sein vorgegebener Sollzustand erreicht ist.

Ein weiteres Mittel zur diskreten Zustandsüberwachung bildet eine zeitliche Funktionsüberwachung auf der Grundlage individuell vorgegebener Ausführungszeiten für einzelne Steuerfunktionen. Die Zeitüberwachung arbeitet nach dem 'watch-dog-timer'-Prinzip [42, 43] und liefert nach Ablauf der vorgegebenen Zeitspanne ein Unterbrechungssignal, falls sie nicht nach erfolgreich abgeschlossenem Funktionsschritt passiviert wird. Diese Methode eignet sich ebenfalls zur Lösung von Verharrungszuständen infolge von Antriebsausfall oder Schrittfolgeverriegelung.

Die Behandlung von Störfällen erfolgt in drei Schritten. Die erste Maßnahme dient der Prozeßsicherung und bewirkt ein Stillsetzen aller Vorschubbewegungen. Danach erfolgt eine Meldung über das Bediengerät, die nach Möglichkeit eine Fehlereingrenzung bzw. -identifikation enthält, um eine Fehlerdiagnose zu erleichtern. Schließlich wird unter Einbeziehung des Bedieners entschieden, ob ein Programmabbruch erfolgen muß, oder ob ein definierter Wiederanlauf mit Fortführung der Bearbeitung möglich ist, nachdem der diagnostizierte Fehler behoben wurde. Falls Positionswerte verlorengegangen sind, erfolgt der Wiederanlauf durch eine Neuinitialisierung unter Einhaltung der Sicherheitsbedingungen.

5.4 Synthese des Programmsystems

Alle Teilprogramme mit Echtzeitcharakter zur Steuerung der Maschinenfunktionen, zur Verwaltung und Auswertung des Steuerdaten-Ablaufprogramms und zur rechnergestützten Bedienerführung werden in einem Betriebs-Programmsystem zusammengefaßt und verknüpft. Das Programmsystem besitzt eine modulare Struktur mit hierarchischer und funktionsbezogener Gliederung (Bild 19).

Die Bedienung des Systems über einen Bildschirm-Dialog erlaubt eine Auswahl und Steuerung verschiedener Betriebsarten.

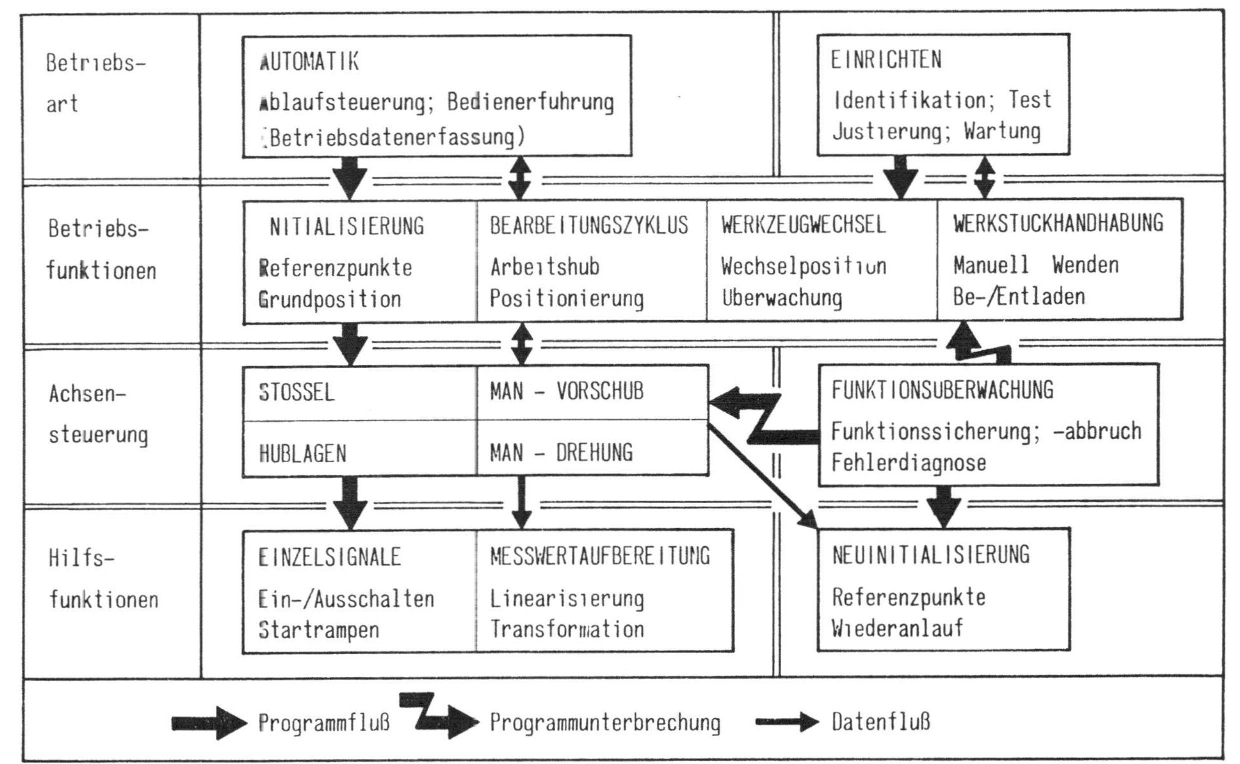

Bild 19: Modulares Programmsystem der Prozeßsteuerung.

Im Einrichtbetrieb werden zu Test- und Wartungszwecken nur einzelne Maschinenfunktionen aufgerufen. Die frühzeitige Einplanung von Testprogrammen ist für die Inbetriebnahmephase eines Steuerungssystems unverzichtbar und erweist sich auch später bei der Durchführung von Modifizierungen als äußerst zweckmäßig.

Die automatische Bearbeitung von Werkstücken erfolgt durch die Programmsteuerung anhand werkstückspezifischer Steuerdaten. Die Steuervorgaben der einzelnen Bearbeitungsfolgen werden zyklisch von Datenträgern übernommen, entschlüsselt und den betreffenden Modulen der Funktionssteuerung als Sollzustände übergeben. Ein Sollzustand ist erreicht, nachdem alle Vorschubachsen ihre Sollpositionen eingenommen und ggf. ein Arbeitshub der Stößel erfolgt ist. Rückmeldungen zwischen den einzelnen Steuerungsebenen überwachen die sukzessive Abarbeitung der Vorgaben.

Alle Programmbausteine bilden in sich abgeschlossene Unterprogramme, deren Funktion im Zuge einer schrittweisen Integration der Komponenten des MPST-Steuerungssystems (siehe Abschnitt 4.3) komplett übertragen werden können. Entsprechende Aufrufe- und Sollwertparameter bzw. Quittierungen und Rückmeldungen werden dazu vorläufig über eine serielle Schnittstelle ausgetauscht.

Kontinuität und Wirtschaftlichkeit in der automatischen, flexiblen Fertigung erfordern in besonderem Maße die stetige Erfassung, Überwachung und Beeinflussung von Eigenschaften, die unmittelbar den sicheren und effektiven Einsatz der Fertigungsmittel und die Qualität des Fertigungsergebnisses bestimmen. Diese Aufgaben sind charakteristisch für eine übergeordnete Steuerungs- und Automatisierungsebene der Prozeßführung bzw. -lenkung. Im Hinblick auf eine automatische Prozeßführung der Radialumformmaschine werden deshalb im nächsten Abschnitt zunächst einige der wichtigsten steuerungstechnischen Methoden dargestellt und auf ihre Eignung hin untersucht.

6.1 Einfluß- und Wirkungsbereiche

Bild 20 zeigt die hierarchische Gliederung der verschiedenen Aufgaben der Prozeßlenkung. In der prozeßnahen ersten Ebene werden direkt meßbare Größen beeinflußt und damit das Kurzzeitverhalten festgelegt. Die höheren, prozeßfernen Ebenen dienen der Erkennung und Einstellung langsam veränderlicher Eigenschaften (Langzeitverhalten). Bei der Automatisierung der Prozeßlenkung nimmt die Anwendungsabhängigkeit der Verfahren und der Informationsverarbeitung mit steigender Ebene meist zu [41, 44].

Die Führung einzelner Prozesse umfaßt Maßnahmen in den Ebenen 'Optimierung' und 'Überwachung'. Maßnahmen zur Optimierung von Prozessen haben zum Ziel, ein wirtschaftlich und technologisch optimales Prozeßergebnis zu erreichen. Aus der Forderung nach umfassender Prozeßsicherheit ergeben sich für die Beeinflussung durch Steuerung und Regelung begrenzende Randbedingungen, so daß Wechselwirkungen zwischen optimierenden und überwachenden bzw. sichernden Maßnahmen entstehen.

Die Optimierung fertigungstechnischer Prozesse zielt auf die Herstellung von Produkten hinreichender Qualität mit möglichst geringem materiellem und zeitlichem Aufwand. Die Verfahrensführung muß deshalb so erfolgen, daß die Vorteile der speziellen Verfahrenstechnologie genützt und die Fertigung in möglichst geringer Zeit mit möglichst geringem Einsatz von Werkstoff, Energie etc. durchgeführt wird. Optimierungskriterien sind deshalb sowohl bei der Arbeitsablaufplanung, als auch beim Betrieb des Maschinensystems zu berücksichtigen.

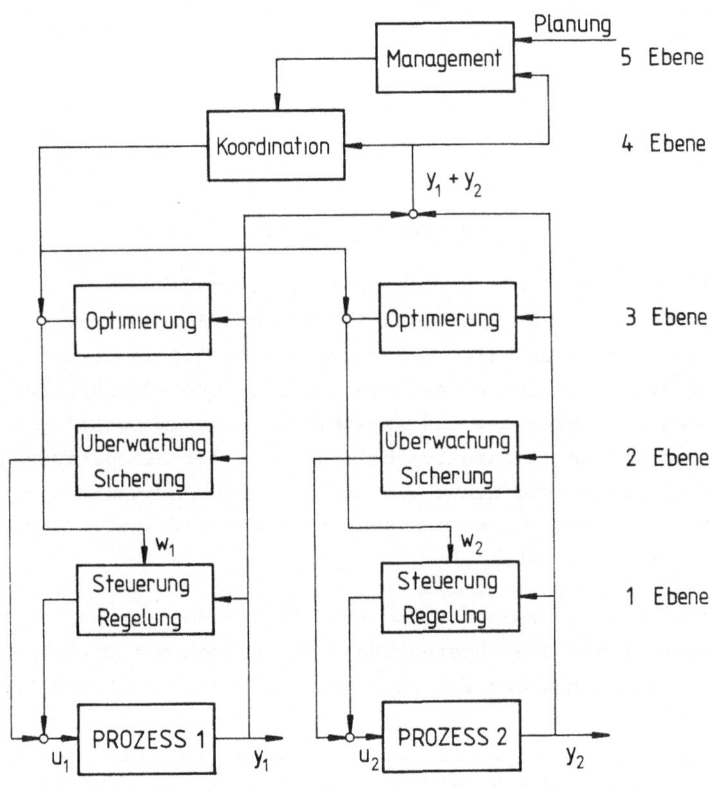

Bild 20: Prozeßlenkung in mehreren Ebenen [44].

Zur Einbeziehung in die Steuerung von Fertigungseinrichtungen müssen Optimierungskriterien und -strategien quantifizierbar sein und relevanten Steuerungsabläufen bzw. Steuerparametern zugeordnet werden können. So kann beispielsweise durch optimale Fahrwege und Fahrzeiten oder eine optimale Wahl von Schaltzeitpunkten in Positioniersteuerungen eine erhebliche Reduzierung der Fertigungszeiten erreicht werden.

Die zusätzliche Informationsverarbeitung erfordert in den meisten Fällen die Berücksichtigung weiterer Prozeßzustände, die nach Möglichkeit durch Messung direkt oder mit Hilfe von Modellrechnungen ermittelt werden.

Überwachungs- und Kontrolleinrichtungen sind in automatischen Fertigungseinheiten außer zur frühzeitigen Erkennung und Sicherung irregulärer Betriebszustände (vgl. Abschnitt 5.3.2) auch zur Qualitätssicherung der Produkte vorzusehen. Durch eine kontinuierliche Überprüfung geeigneter mechanischer und geometrischer Eigenschaften der Werkstücke und eine direkte Rückkoppelung der Prüfergebnisse in die Fertigungssteuerung kann wiederholtes Herstellen unbrauchbarer Teile vermieden werden [46].

6.2 Steuerungstechnische Maßnahmen

Zur Produktivitätssteigerung von Fertigungsanlagen sind Maßnahmen zur Minimierung der Fertigungszeiten besonders wirkungsvoll. Die Fertigungszeit bei automatisierten Anlagen ergibt sich aus der Werkstück-Bearbeitungszeit und den Rüst- und Bedienzeiten. Eine Optimierung muß daher unter anlagen- und werkstückspezifischen Gesichtspunkten erfolgen.

6.2.1 Optimierter Bearbeitungsablauf

Zur Minimierung der Bedienzeiten können in erster Linie die bereits erwähnten Steuerungssysteme mit rechnergestützter Bedienerführung oder DNC-Rechnerdirektsteuerungen beitragen. Sowohl unter wirtschaftlichen als auch sicherheitstechnischen Aspekten gewinnt dabei die Gestaltung der Mensch-Maschine-Schnittstellen, die Art der Prozeß- und Prozeßzustandsdarstellung und die Verringerung der Bedienfehlerwahrscheinlichkeiten durch Bediensysteme und -einrichtungen, die ergonomische und anthropotechnische Faktoren berücksichtigen, mit wachsender Komplexität der Anlagen zunehmend an Bedeutung [45].

Kurze Rüstzeiten und damit schnelles An- und Abfahren der Anlagen werden durch eine optimierte funktions- und steuerungstechnische Integration und Koordination peripherer, handhabender Hilfseinrichtungen erreicht. Der überwiegende Anteil der Fertigungszeit entfällt jedoch in den meisten Fällen auf die Bearbeitungszeit. Von einer zeitoptimalen Steuerung der Bearbeitungsabläufe ist daher die größte Auswirkung auf eine Leistungssteigerung zu erwarten. Selbst geringe Verkürzungen einzelner Zeitabläufe können sich zu einer bedeutenden Einsparung summieren, wenn sich, wie im Regelfall üblich, eine Bearbeitung aus mehreren, wiederholenden Bearbeitungsvorgängen mit entsprechenden Haupt- und Nebenzeiten zusammensetzt.

Zur Beschleunigung der Betriebsphasen kann bei Maschinen mit mehreren, unabhängigen Positionier- und Bearbeitungsachsen neben der Optimierung von Einzelbewegungen (siehe Abschnitt 5.2) eine weitestgehend überlappende und parallele Steuerung aller Maschinenachsen angestrebt werden. Hauptsächlich Handhabungs- und Einstellaufgaben (Nebenzeiten), deren zeitlicher Ablauf im Gegensatz zur Bearbeitungsphase mit Werkzeugeingriff (Hauptzeit) zumeist weniger durch verfahrenstechnische Randbedingungen bestimmt wird, können durch solche Maßnahmen wesentlich verkürzt werden. Weitere Optimierungsmöglichkeiten ergeben sich im Bearbeitungszyklus schließlich durch zeitliche Überschneidungen beim Übergang einzelner Betriebsphasen.

Zur Vermeidung von Kollisionen können Maschinenachsen, deren Fahrbereiche sich ganz oder teilweise überdecken, nur außerhalb der Gefahrenzonen zeitlich parallel bewegt werden. Die Gefahrenzonen entstehen in Abhängigkeit von geometrischen Verhältnissen der Maschinen-Arbeitsräume, der Werkzeugsysteme und der in Bearbeitung befindlichen Werkstücke.

Die Anordnung und Abmessungen von Arbeitsraum und Werkzeugen bleiben über längere Zeitspannen bestehen und sind auch durch Umrüsten nur eingeschränkt und definiert zu verändern. Kollisionsbereiche können daher durch konstante Schutzzonen und absolute Schutzmechanismen abgesichert werden.

Ständig veränderlich mit dem Arbeitsfortschritt dagegen sind die Form und Kontur des Werkstücks. Sichere und optimierte Bearbeitungsabläufe lassen sich damit nur verwirklichen, wenn geeignete Verfahren und Systeme in herkömmliche Steuerungslösungen integriert werden, die aktuelle geometrische Werkstück-Informationen ermitteln und deren Verarbeitung zur Lage- und Formerkennung vornehmen.

In der Praxis werden zur Generierung angepaßter Sollwertvorgaben und zur Steuerung werkstückbezogener Bahnverläufe hauptsächlich zwei Verfahren eingesetzt: die sensorgestützte Prozeßdatenverarbeitung und die Prozeßsimulation.

6.2.2 Sensorgestützte Positioniersteuerung

Sensorsysteme werden gewöhnlich nach ihrer Arbeitsweise bei der Erkennung und Vermessung von Objekten in berührende (taktile) und berührungslose Systeme unterschieden.

Berührungslose Sensoren arbeiten z. B. nach den folgenden physikalischen Prinzipien: optisch, akustisch, kapazitiv, elektromagnetisch, induktiv oder fluidisch. In speziellen Anwendungsfällen haben visuelle Sensorsysteme, die Licht verschiedener Wellenlängen oder Laserquellen verwenden, bereits einen hohen Standard erreicht. Sie werden besonders zur Unterstützung von Handhabungs- und Sortieraufgaben in der Mustererkennung bzw. Objektidentifikation eingesetzt.

Taktile Sensoren finden sich vorzugsweise bei Handhabungseinrichtungen der Nukleartechnik, der Raumfahrt oder der biomedizinischen Technik. In der Fertigungstechnik eignet sich ihre Verwendung daher besonders bei der Steuerung programmierbarer Handhabungsgeräte (PHG, Industrieroboter) [47, 48].

In einer sensorgeführten Steuerung werden die von den Sensoren gelieferten Meßgrößen zu geeigneten Zeitpunkten an bestimmter Stelle in den Steuerungsablauf einbezogen. Der Steuerungsablauf selbst liegt dabei entweder zunächst in sensorunabhängiger Form vor und wird daher entsprechend modifiziert, oder er wird durch die Auswertung der Sensordaten überhaupt erzeugt. Zur Steuerung von Bewegungsbahnen bieten sich verschiedene Verfahren wie Bahnkorrektur, Bahnauswahl oder Bahnerzeugung an [47].

Komplexe Positionieraufgaben erfordern eine Vielzahl sensorischer Informationen. Diese Komplexität führt schnell zu einer sehr umfangreichen Sensordatenverarbeitung, die hohe Belastungen für die Steuerung bewirken. Es werden daher Maßnahmen erforderlich, durch die z. B. mit Hilfe von zum Sensorsystem gehörenden Verarbeitungseinheiten große Datenmengen extern weiterverarbeitet und so aufbereitet werden, daß die zeitliche Belastung der Steuerung auf den zulässigen Rahmen reduziert wird.

6.2.3 Prozeßsimulation

In vielen Fällen scheitert der Einsatz sensorgeführter Steuerungsstrategien an der Verfügbarkeit geeigneter Sensoreinrichtungen, die relevante Zustandsgrößen erfassen und rückführen können. Schwer zugängliche Arbeitsräume von Maschinen oder komplexe Werkstückgeometrien verhindern oft die Entwicklung und den universellen Einsatz von Sensorkonfigurationen. Hier kann eine Kollisionsprüfung und Fahrwegoptimierung nur indirekt mit Hilfe einer rechnerischen Simulation durchgeführt werden. Simulationsmethoden, die nicht meßbare Prozeßkenngrößen rekonstruieren, werden in allen Bereichen des Fertigungsablaufs sowohl bei der Teileprogrammierung als auch der Maschinensteuerung eingesetzt. Besonders zur Kollisionskontrolle und -vermeidung stehen verschiedene Methoden [33, 49] zur Verfügung, die bereits bei der Programmerstellung Sicherheitskonflikte aufzeigen und verhindern helfen.

Zusätzliche Möglichkeiten der Optimierung bieten grafisch-dynamische Simulationsverfahren [50], die Bearbeitungsvorgänge auf Bildschirmen darstellen und damit eine besonders effektive visuelle Kontrolle des Bearbeitungsablaufs ermöglichen. Diese Simulationssysteme können sowohl off-line aufgrund von NC-Programmen als auch on-line synchron mit der Bearbeitung ablaufen. Im letzteren Fall allerdings dienen sie in erster Linie der Information der Bediener und bieten wenig Möglichkeiten zum direkten Eingreifen in den Bearbeitungsablauf.

On-line Simulationssysteme mit direkter Rückkoppelung an die Sollwertgenerierung von Steuerungssystemen basieren auf dem Konzept des sog. 'Beobachters' [51]. Fehlende Zustandsgrößen werden aus meßbaren Größen, deren Merkmale korrelieren, mit Hilfe von Prozeßmodellen entwickelt. Neben wenigen Anwendungen in der Fertigungstechnik haben Automatisierungssysteme mit Prozeßmodell in der Verfahrenstechnik und der Kunststofftechnik bereits große Bedeutung erlangt. Beispiele dafür finden sich in [52 bis 56].

6.3 Prozeßmodelle

In Anlehnung an DIN 66201 sind Prozeßmodelle abstrakte Beschreibungen oder Nachbildungen des Prozeßverhaltens. Sie stellen Zusammenhänge her zwischen den Ausgangsgroßen eines Prozesses und seinen beeinflußbaren oder willkürlichen Eingangsgrößen, sowie gegebenenfalls von kennzeichnenden Zustandsgrößen. Jedes Modell ist zweckbezogen [54], d. h. die Abstraktion bezieht sich nicht nur auf die verwendeten Nachbildungsmittel (mathematische Gleichungen, Rechenprogramme etc.), sondern auch darauf, daß nur solche Zusammenhänge dargestellt werden, die für die Erfüllung definierter Aufgaben wesentlich sind [55].

Die in Rechenanlagen eingesetzten abstrakten (mathematischen) Prozeßmodelle unterscheiden sich durch ihre Darstellung und Anwendung. Zur Formulierung der Gesetzmäßigkeiten für die Modellrechnung werden sowohl bekannte physikalische oder chemische Zusammenhänge (analytisches Modell), als auch experimentelle Daten (empirisches Modell) herangezogen. Eine zeitliche Abhängigkeit von Modellparametern wird dabei durch dynamische (meist simulative) Modellansätze berücksichtigt.

Bei der Steuerung von Fertigungsprozessen haben simulative Modelle als sogenannte Automatisierungsmodelle eine große Bedeutung. Simulative Modelle sind dadurch gekennzeichnet, daß die Ausgangsgrößen in zeitlicher Abhängigkeit durch den Nachvollzug zeitlicher Abläufe und Ereignisse ermittelt werden. Je genauer dabei die Nachbildung gegenständlicher Prozeßelemente und zeitlicher Verhaltensweisen durch Rechnerelemente und -programme erfolgt, desto genauer kann der reale Prozeß simuliert werden. Es können durch Simulation beliebig umfangreiche Systeme nachgebildet werden.

6.3.1 Modellbildung zur Unterstützung von Steuerungssystemen

Automatisierungsmodelle als Hilfsmittel der Prozeßsteuerung werden geschlossen prozeßgekoppelt (on-line closed-loop) betrieben. Sie umfassen in der Regel nur diejenigen Teilbereiche eines Gesamtprozesses (lokales Modell), die für die Beeinflussung des gewünschten Prozeßverlaufs relevant sind. Der Einsatz von Automatisierungsmodellen dient in erster Linie zur Lösung von Aufgaben in zwei Bereichen:

- Abbildung relevanter Prozeßzustände durch erfaßbare und berechenbare Prozeßgrößen ('Beobachter')
- Unterstützung und Optimierung von Steuerungsstrategien durch vorausschauende Beurteilung von Steuerungsabläufen ('Prädiktor').

Mit Hilfe von Beobachter und Prädiktor können Prozeßsteuerungen mit dynamischer Vorwärtskoppelung verwirklicht werden. Berücksichtigt man Optimierungskriterien bei der Erzeugung der Führungsgrößen, entstehen Systeme mit sogenannter Vorwärtsoptimierung [53].

Zur Sicherung der Einsatz- und Verwendungsfähigkeit von Modellen ist eine definierte Modellgüte zu erreichen und einzuhalten. Falls die Prozeßeigenschaften nicht genau bekannt sind oder sich zeitlich z. B. in Abhängigkeit vom Fertigungsfortschritt ändern, muß das zunächst off-line aufgrund von Annahmen und Erkenntnissen (sog. a priori-Informationen) entwickelte Modell laufend aktualisiert und nachgeführt werden [56]. Werden durch die Nachführung nur die Parameter der Zustandsgrößen angepaßt, spricht man von einem adaptiven Modell. Sind jedoch sowohl die Parameter als auch die Struktur zu aktualisieren, handelt es sich nach DIN 66201 um ein lernendes Modell. In diesen Fällen muß neben der eigentlichen Modelldarstellung und -auswertung auch die Strategie für die Anpassung direkt als Teil des Modellprogramms im Steuerungssystem implementiert werden.

6.3.2 Einsatzbedingungen

Wegen ihres Einsatzes als on-line Hilfsmittel unterliegen Automatisierungsmodelle den Echtzeitanforderungen des Steuerungsablaufs. Dies stellt besondere Bedingungen an die Einfachheit von Struktur und Handhabung der Modellprogramme.

Echtzeitverhalten bedeutet in erster Linie, daß Modellberechnungen keinerlei verzögernden Einfluß auf den Steuerungsablauf ausüben dürfen. Das Modellprogramm muß deshalb so dimensioniert werden, daß seine Bearbeitung innerhalb natürlicher Leerlaufzeiten (Wartezeiten usw.) des Steuerungsablaufs erfolgen kann. Dabei bietet sich gegebenenfalls auch die Möglichkeit, das Gesamtprogramm in mehrere, sinnvolle Teilprogramme zu trennen und diese zu verschiedenen Zeitpunkten auszuführen.

Gleichungen und Algorithmen, die komplizierte Funktionen beinhalten oder schlecht konvergierende Iterationssyklen erfordern, sollten mit Rücksicht auf kurze Rechenzeiten vermieden werden. Vereinfachungen, wie Näherungslösungen oder Schätzverfahren, können eingeführt werden, solange die Genauigkeit des Modells nicht in unzulässiger Weise beeinträchtigt wird. Dabei muß untersucht werden, ob nicht durch zusätzliche Maßnahmen die Genauigkeit wieder gesteigert werden kann. Besonders wenn bei adaptiven Modellen ein regelmäßiger Vergleich mit dem Original und entsprechende Korrekturen durchgeführt werden, kann man sich im Modellaufbau auf einfache mathematische Beziehungen beschränken.

Eine weitere Forderung an die Modellstruktur ergibt sich aus dem notwendigen Speicherplatzbedarf. Aus Zuverlässigkeits- und Zeitgründen können periphere Speichermedien kaum eingesetzt werden; der Hauptspeicherplatz ist jedoch bei den meisten Steuerungen zu begrenzt, um größere Kennlinienfelder oder Matrizen aufzunehmen. Dies zwingt zu weitgehender Einschränkung und Lokalisierung des Modellansatzes auf wenige Zustandselemente und zur Wahl von Darstellungsformen mit geringen zu speichernden Informationsmengen.

Eine Theorie für den Aufbau von Modellen durch Beschreibung der Modellelemente, ihrer Attribute und Wechselwirkungen wurde in [57] angegeben. Zur Darstellung von Werkstücken während der Bearbeitung eignen sich zeitdiskrete Stufenmodelle von Stückprozessen. Neben der anschaulichen graphischen Nachbildung von Modellkomponenten und Zusammenhängen werden als rechnergerechte Modellformen Tabellen- bzw. Vektor- und Matrizendarstellungen vorgeschlagen [58, 59].

7 Steuerung der Radialumformmaschine mit automatischer, modellgestützter Prozeßführung

Zur Einbeziehung weiterer Rationalisierungsziele hinsichtlich Produktivitätssteigerung und Qualitätssicherung soll das Steuerungssystem der Radialumformmaschine nach Kapitel 5 durch Elemente einer optimierenden und überwachenden Prozeßführung erweitert werden. Hierzu schafft zunächst der leistungsfördernde Ausbau der Steuerungseinrichtungen durch die Einführung der MCNC-Positioniersteuerung die notwendigen technischen Voraussetzungen.

Maßnahmen zur Minimierung der Fertigungszeit durch parallele Achsenpositionierung und zur Überwachung der Produktqualität durch Kontrolle von Fertigungsmaßen, sowie die Realisierung einer synchronen Werkzeugführung im Arbeitshub, bilden dabei die Schwerpunkte der Untersuchung. In Tabelle 2 wurden die wichtigsten spezifischen Gesichtspunkte zusammengefaßt.

Universelle Sensoreinrichtungen zur Erfassung der Vielzahl von zum Teil außerordentlich komplexen Vorgängen und Prozeßzuständen beim Radialumformen existieren bisher noch nicht. Die automatische Prozeßführung stützt sich daher auf ein rechnerisches Prozeßmodell, das schritthaltend mit der Bearbeitung die aktuelle Kontur des zu fertigenden Werkstücks repräsentiert. Bei entsprechender Genauigkeit des Konturmodells können werkstückspezifische Fahrwege und -folgen abgeleitet werden, die eine optimale und sichere Steuerung der Bearbeitungsvorgänge ermöglichen.

7.1 Werkstück-Konturmodell

Der Aufbau des steuerungsinternen Konturmodells stützt sich auf die elementweise Beschreibung der Werkstückformen (siehe Bild 8). Der Begriff 'Formelement' bezeichnet nun allerdings ausschließlich Werkstückbereiche mit konstanten Querschnitten und konstantem Konturverlauf; Elemente, die bisher als 'kegelig' klassifiziert wurden, erhalten durch die Bearbeitung eine treppenförmige Kontur und werden deshalb aus Gründen der

Tabelle 2: Gesichtspunkte der überwachenden und optimierenden Prozeßlenkung.

UBERWACHUNG	
KRITERIEN	MASSNAHMEN
Sicherheit	Kollisionssicherheit, Funktionsüberwachung, Grenzwerte, Verriegelung
Maßgenauigkeit	Positionsfehlererkennung und -korrektur Adaption unterschiedlicher Lastzustände Werkstofffluß (Werkstücklängung)
OPTIMIERUNG	
System-Handhabung	E/A durch Dialogbetrieb automat. Fehlerdiagnose und Fehlerbehandlungsstrategie
Verfahrenstechnologie	synchrone Werkzeugführung Kantenbearbeitung Referenzhub, Kalibrierhub
Fertigungszeit	Parallelpositionierung min. Hublänge
Erweiterungs- und Anpassungsfahigkeit	Integration peripherer Systeme Integration in Fertigungs-Leitsystem

Originaltreue des Modells als Aneinanderreihung von schmalen Elementen mit konstanter Kontur definiert. Das Konturmodell kann deshalb den Aufbau von Werkstücken aus Modellelementen vornehmen, deren Grenzen eindeutig durch eine Unstetigkeit des Konturverlaufs, hervorgerufen durch eine Änderung der Querschnittsform oder des Durchmessers, gekennzeichnet ist.

7.1.1 Darstellungsform

Zur Beschreibung der Werkstückkontur sind Angaben über die Querschnittsprofile an den Elementgrenzen und den Gültigkeitsbereich der Querschnittsbeschreibung, also der Elementlänge erforderlich. Das Spektrum rotationssymmetrischer Formelemente nach Bild 8 besitzt Querschnittsprofile, die zwei orthogonale Symmetrieachsen in vertikaler und horizontaler Richtung aufweisen. Aus Symmetriegründen ist daher die Beschreibung eines 90 °-Ausschnitts hinreichend für die vereinfachte Darstellung der vollständigen Querschnittsform.

Durch die Anordnung und Form der Werkzeuge und die Bearbeitungstechnologie der Maschine sind folgende Querschnitte herstellbar: Quadrat, Rechteck, regelmäßiges Acht- und Sechzehneck (Kreis). Die technologische Grundbedingung der radialen Bearbeitung läßt nur Bearbeitungsrichtungen zu, bei denen sich die Kraftwirkungslinien zum Mittelpunkt der Querschnittsflächen hin orientieren. Momente, die eine Torsion des Werkstücks bewirken, müssen vermieden werden. Als Zwischenform für sämtliche Endquerschnitte tritt das regelmäßige Achteck auf, wodurch Drehungen benachbarter Formelemente gegeneinander um die Winkel 0 °, 22,5 °, 45 ° und 67,5 ° möglich werden [18].

Im betrachteten 90 °-Sektor des Modellquerschnitts können alle diese Formen durch eine Bearbeitung unter den Drehwinkeln 0 °, 22,5 °, 45 °, 67,5 ° und 90 ° erzeugt werden. Bei regelmäßigen Querschnittsformen (Quadrat usw.) treten dabei unter 90 ° wieder dieselben Verhältnisse wie unter 0 ° auf. Bild 21 verdeutlicht einen beispielhaften Bearbeitungszyklus zur Herstellung eines quadratischen Querschnitts aus einem kreisförmigen Rohteil.

Die Formelementkontur setzt sich aus ebenen Bearbeitungsflächen im Bereich der Werkzeuge und freien Oberflächen im Zwischenraum zusammen. Elementquerschnitte sind deshalb begrenzt durch gerade Schnittlinien (Werkzeugeinwirkung) und durch die Schnittlinien durch die freien Oberflächen. Der Querschnittsbereich mit Werkzeugeinwirkung besitzt einen de-

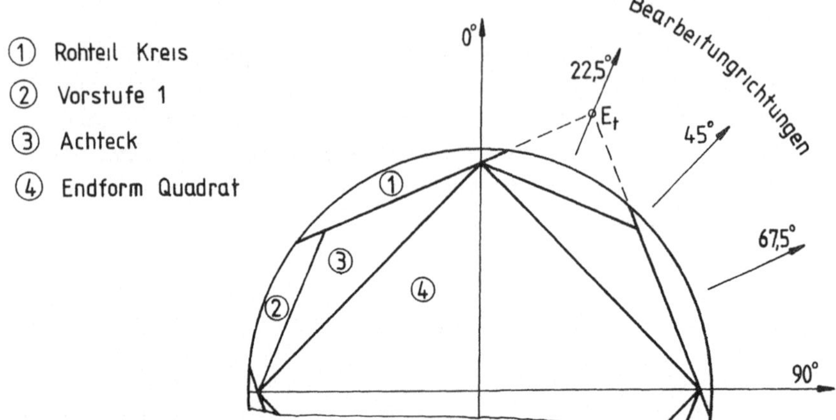

Bild 21: Bearbeitungszyklus Kreis - Quadrat.

finierten Mittelpunktsabstand, welcher der vorderen Endlage des Arbeitsstößels und somit seiner Hublage entspricht. Die Hublagen-Positionswerte repräsentieren die Schlüsselweite des Querschnitts und werden zur Definition bearbeiteter Bereiche des Werkstückumfangs als richtungsbezogene Elementdurchmesser bei jeder Bearbeitungsstufe abgespeichert.

Besonders für die Kollisionsprüfung von Manipulator-Drehbewegungen ist die Abschätzung der größten Durchmesser im Drehbereich von Bedeutung. Weil Werkstücke nur reduzierend bearbeitet werden, liegen größte Durchmesser immer in den Bereichen des Werkstückumfangs, die nicht von Werkzeugflächen umschlossen werden. Über diese Bereiche existieren in der Steuerung keine direkten geometrischen Informationen.

Dennoch können aus technologischen Bedingungen Angaben über maximal mögliche Durchmesser abgeleitet werden. Beim Radialumformen rotationssymmetrischer Werkstücke tritt Werkstofffluß ausschließlich in radialer und axialer Richtung auf (siehe Bilder 5 und 6). Deshalb bleiben auch im Zwischenraum der Werkzeuge die Oberflächen und Durchmesser vorangegangener

Bearbeitungsstufen erhalten. Für unbearbeitete Oberflächen können Werkstückdurchmesser eingesetzt werden, die höchstens dem maximal möglichen Eckenmaß eines Vielecks entsprechen, das von benachbarten, bearbeiteten Umfangsbereichen gebildet wird.

Zur Ermittlung der maximal möglichen Werkstückdurchmesser werden für diese Bereiche die theoretischen Extrempunkte des Umfangs (Bild 21) aus den Schlüsselweiten mit Hilfe einfacher trigonometrischer Beziehungen bestimmt.

Die programmtechnische Realisierung des Modellaufbaus erfolgt in Matrizendarstellung, wobei jedem Formelement ein Spaltenvektor zugeordnet wird. Bild 22 zeigt Struktur und Zuordnung anhand eines Konturbeispiels.

Die Spaltenvektoren umfassen in der ersten Zeile die axiale Elementgrenze bezüglich der ML-Koordinate. Das Querprofil wird durch die Hublagen-Koordinaten in den fünf möglichen Bearbeitungsrichtungen abgebildet. Durch diese Darstellungsform können alle herstellbaren Formelemente hinsichtlich ihrer Länge, ihres Querschnitts und ihrer Orientierung im Koordinatensystem der Radialumformmaschine erfaßt werden. Die Zahlenwerte entsprechen den Achsenpositionen in steuerungsinterner Dimensionierung, damit weder bei der Generierung und Aktualisierung, noch bei der Auswertung des Modells Parametertransformationen erforderlich werden.

Zur Unterstützung der Kontursimulation wurde in Zeile 7 zu jedem Elementvektor ein Zustandsindex (Ex) hinzugefügt, der eine Unterscheidung absoluter Elementgrenzen und elementinterner Bearbeitungsgrenzen ermöglicht. Die Bearbeitungsgrenze folgt unmittelbar der jeweiligen Eingriffskante des Werkzeugs und verändert sich damit direkt mit dem Arbeitsfortschritt. Außerdem erfährt das bearbeitete Formelement eine Längung, d. h. der Abstand seiner absoluten Grenzen vergrößert sich. Zur Aktualisierung des ganzen Werkstücks wird diese Längung jeweils den Längskoordinaten aller Formelemente am freien, dem Manipulator abgewandten Werkstückende zugeschlagen.

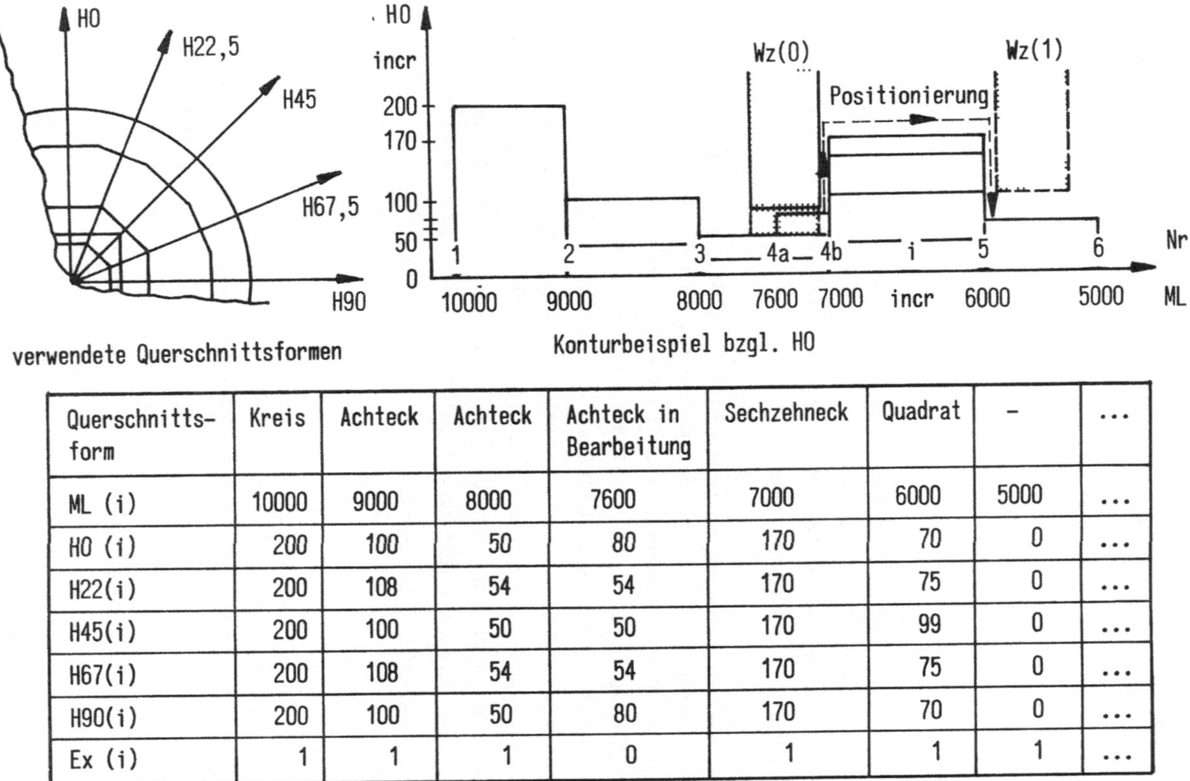

Querschnitts-form	Kreis	Achteck	Achteck	Achteck in Bearbeitung	Sechzehneck	Quadrat	-	...
ML (i)	10000	9000	8000	7600	7000	6000	5000	...
H0 (i)	200	100	50	80	170	70	0	...
H22(i)	200	108	54	54	170	75	0	...
H45(i)	200	100	50	50	170	99	0	...
H67(i)	200	108	54	54	170	75	0	...
H90(i)	200	100	50	80	170	70	0	...
Ex (i)	1	1	1	0	1	1	1	...

Bild 22: Beispiel einer Werkstückkontur mit Modelldarstellung.

7.1.2 Schnittstellen zur Prozeßsteuerung

In Bild 23 ist der Einsatzbereich des Konturmodells und seine Hilfsfunktionen bei der Unterstützung der Sollwertvorgabe der Positioniersteuerung dargestellt. Zur Modellnachführung bzw. -aktualisierung werden anzusteuernde Zielpositionen übernommen und in die Modelldarstellung eingefügt. Kriterien und Algorithmen zur Modellverbesserung sichern die notwendige Modellgüte und -genauigkeit. Korrekturgrößen zur Modifizierung der Positionssollwerte werden durch Funktionen der Modellauswertung abgeleitet.

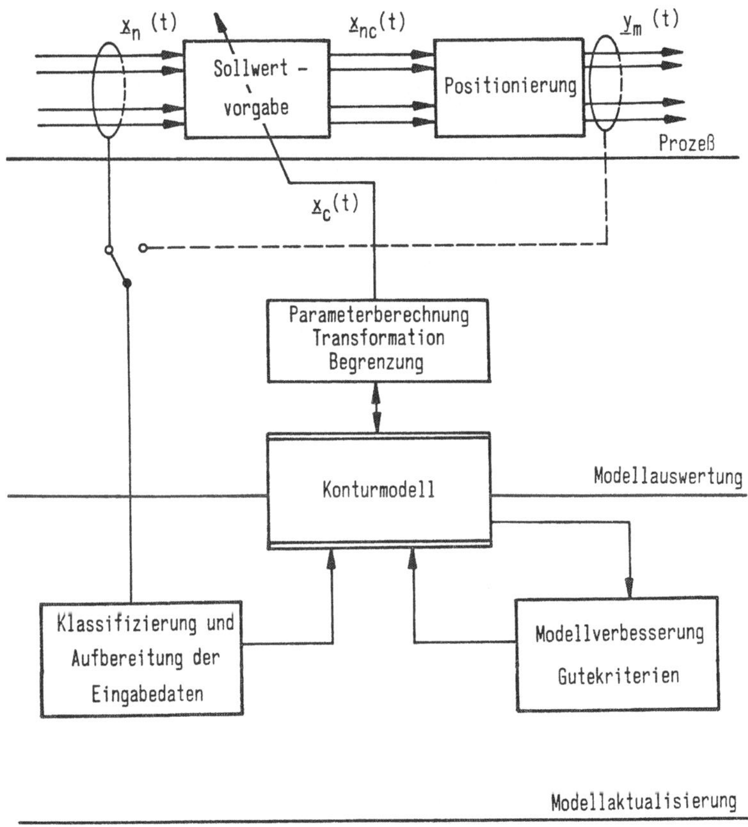

Bild 23: Sollwerterzeugung mit on-line Konturmodell.

Die Verwendung von Positions-Zielwerten als Eingabegrößen der Modellberechnung führt nur dann zu einer verwertbaren Genauigkeit und Originaltreue der Modelldarstellung, wenn durch die Steuerung eine Positionierung mit tolerierbaren Zielabweichungen sichergestellt wird. Die radiale Werkstückdarstellung kann dabei durch Auswertung exakter Stößel- Endlagen mit großer Genauigkeit erfolgen; die Bestimmung extremer Querschnittsverläufe nach Bild 21 erfüllt absolute sicherheitstechnische Anforderungen.

Die axiale Werkstückdarstellung dagegen stützt sich auf Näherungsrechnungen und Schätzwerte für die Werkstücklängung. Deshalb müssen größere systematische Abweichungen der Modelldarstellung erwartet und entsprechend größere Sicherheitsabstände vorgesehen werden. Verbesserungen können nur vorgenommen werden, wenn geeignete Einrichtungen zur Vermessung der axialen Werkstückkontur während der Bearbeitung zur Verfügung stehen und dadurch die Näherungslösungen durch Meßgrößen ergänzt oder ersetzt werden können.

Die Modellberechnung wird in Abstimmung mit jedem Steuerschritt so durchgeführt, daß Schritthalten und Synchronität von Darstellung und Werkstück gewährleistet sind. Der Aufruf des Programms erfolgt außer während der zyklischen Werkstückbearbeitung auch in den Betriebsphasen der Initialisierung und des Werkzeugwechsels. Diese beiden Betriebsphasen treten im Vergleich zum Bearbeitungszyklus nur einmal bzw. mit sehr geringer Häufigkeit auf. Im Modellprogramm sind dabei überdies lediglich die Rohteilkontur bzw. die neuen Werkzeuggeometrien zu übernehmen. Zusätzliche Rechenoperationen zur Modellbearbeitung während dieser Betriebsphasen bleiben deshalb generell ohne nennenswerten Einfluß auf die Werkstück-Fertigungszeit, so daß sich besondere Vorkehrungen zur Bereitstellung von Rechenkapazität und -zeit erübrigen.

Ein erheblich größerer Aufwand zur Auswertung und Nachführung des Konturmodells entsteht während der Werkstückbearbeitung. Bild 24 zeigt Struktur und Ablauf des Modellprogramms und seine Teilfunktionen.

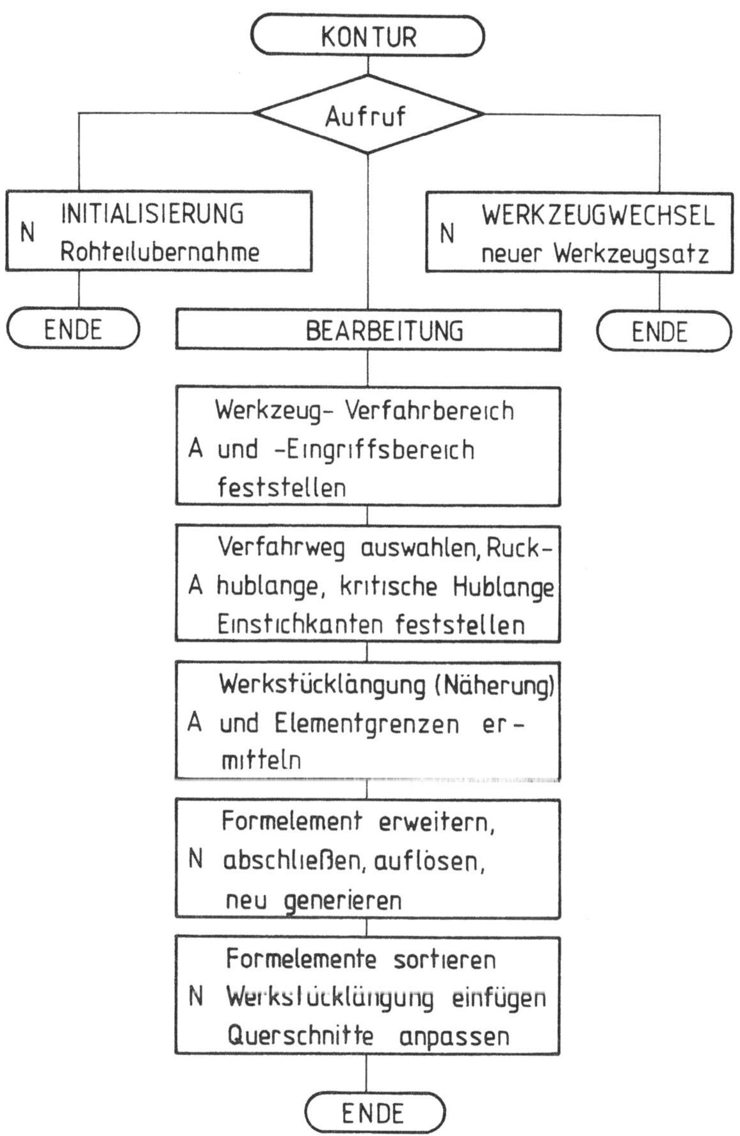

Bild 24: Programmstruktur des Konturmodells.

Speicherbedarf und Rechenzeit des Programms können durch die Größe der Konturmatrix beeinflußt werden. Das augenblickliche Hauptspeichervolumen der Steuerung der Radialumformmaschine ermöglicht den Aufbau von Konturprogrammen mit einem Speicherbedarf von maximal 8000 Worten. Dieser Bereich wird durch ein Modell belegt, das die Darstellung von Werkstücken mit bis zu 15 Formelementen zuläßt.

Für diese Modellversion ergaben sich am Prozeßrechner (PDP 11/34) Rechenzeiten von ca. 60 Millisekunden, so daß eine vollständige Modellbearbeitung im Arbeitshub während des ungeregelten Stößelrücklaufs realisiert werden konnte.

7.2 Modelleinsatz zur Überwachung und Optimierung

Wie schon in Abschnitt 6.2 dargelegt wurde, ist die Minimierung der Positionierzeiten durch eine parallele Steuerung von Maschinenachsen eine wirksame Maßnahme zur Steigerung der Maschinenleistung. Parallelbewegungen sind jedoch nur möglich, solange bei überschneidenden Verfahrbereichen keine Achsenkollision auftritt. Durch den Einsatz des Modells können deshalb zunächst in Abhängigkeit von der aktuellen Werkstückkontur und den Positionierwegen Gefahrenbereiche definiert werden. Optimierungskriterien und -strategien sichern dann die schnellstmögliche Durchführung von Positionierabläufen außerhalb dieser Gefahrenbereiche [60].

7.2.1 Kollisionssicherung von Positioniervorgängen

Die überlagerte Positionierung der Achsen des Werkstückmanipulators und der Hublagen führt zu einer relativen Bahnbewegung der Werkzeuge bezüglich des Werkstücks im Arbeitsraum. Zur Sicherung der Positioniervorgänge wird diese Werkzeugbahn entlang der Werkstückkontur vor jeder Achsenbewegung geprüft und festgelegt.

Wegen der Anzahl und Anordnung der Positionierachsen ergeben sich drei prinzipiell mögliche Werkzeugbahnen, die durch die vollständige Parallelbewegung aller beteiligten Achsen oder durch hintereinander folgenden Ablauf der beiden Manipulatorbewegungen gekennzeichnet sind. Bild 25 zeigt die drei möglichen Bahnkurven eines Werkzeugs bei der Zielpunkt-Positionierung und ihre zugehörigen Fahrbereiche als Ausschnitt einer Werkstück-Konturdarstellung.

Die Überprüfung des Fahrwegs erfolgt zunächst für den optimalen Positioniervorgang bei paralleler Achsenfolge. Weil jede Achse durch eine unabhängige Streckensteuerung positioniert wird (siehe Abschnitt 5.2.2), die keine Bahnsteuerung ermöglicht, ist die Werkzeugbahn (1) hier nicht exakt definiert. Deshalb sind alle Konturelemente im theoretisch möglichen

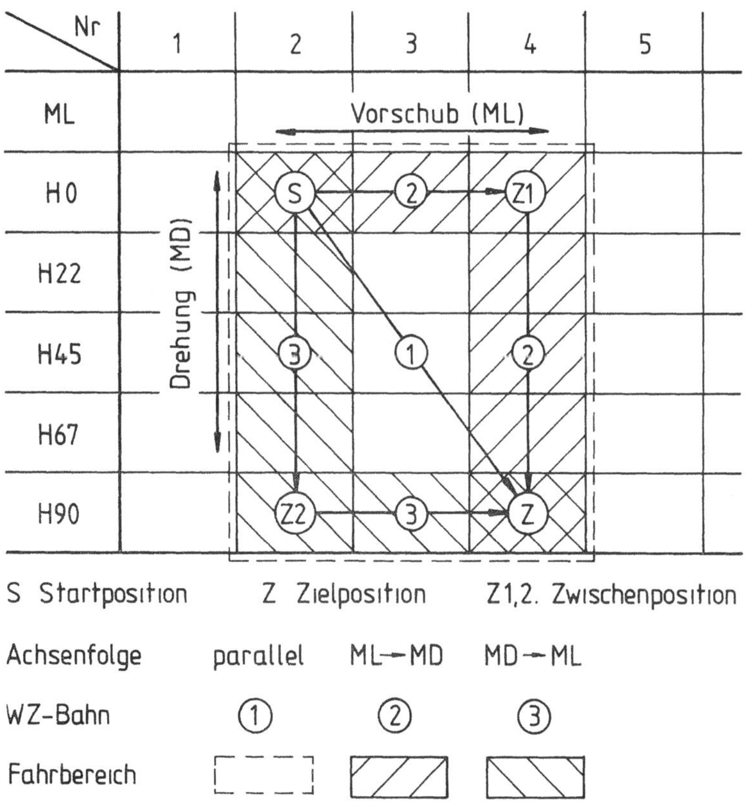

Bild 25: Überprüfung kollisionsfreier Positionierwege.

Fahrbereich zu überprüfen, damit alle sicherheitstechnisch relevanten Durchmesser erfaßt werden.

Parallele Achsenpositionierung erfolgt, wenn alle Durchmesserelemente des Fahrbereichs ohne Kollision und mit ausreichendem Sicherheitsabstand zwischen Werkzeugen und Werkstück befahren werden können und dabei die maximale Rückhublänge der Arbeitsstößel von 50 mm nicht überschritten werden muß.

Im Kollisionsfall werden zunächst die eingeschränkten Fahrbereiche der Werkzeugbahnen (2) oder (3) untersucht, um Möglichkeiten für eine Einzelpositionierung der Manipulatorachsen zu überprüfen. Falls dabei wiederum kein kollisionsfreier Fahrweg ermittelt werden kann, muß vor der eigentlichen Fahrt in die Zielposition durch Verfahren der Hublagenachsen eine Zwischenposition angesteuert werden, die außerhalb der kritischen Hublage liegt. Die kritische Hublage wird dabei bestimmt vom größten Werkstückdurchmesser im gewählten Fahrbereich.

7.2.2 Verringerung der Fertigungszeit

Die Maßnahmen zur zeitoptimierten Steuerung der Radialumformmaschine betreffen die regelmäßig wiederholten Bewegungsabläufe des Bearbeitungszyklus mit Positionierung und Arbeitshub, sowie die Übergangsphase zwischen diesen beiden Hauptfunktionen.

Die Optimierung der Positioniervorgänge durch weitgehend zeitparallele Achsenbewegungen wurde bereits als Folge der Überprüfung und Auswahl kollisionsfreier Fahrwege mit Hilfe des Konturmodells in Abschnitt 7.2.1 realisiert.

Die Optimierung der Dauer des Arbeitshubs gründet sich ebenfalls auf die Ergebnisse der Fahrwegüberprüfung. Bild 26 zeigt die zeitlichen Verläufe von Ansteuerung und Drucksignal eines Stößels im Arbeitshub. Die Darstellung des Stößel-Ansteuersignals dient der Unterscheidung der Vor- und Rücklaufbereiche, während der Druckverlauf in erster Linie die zeitliche Entwicklung der Stößelkraft repräsentiert und damit zur

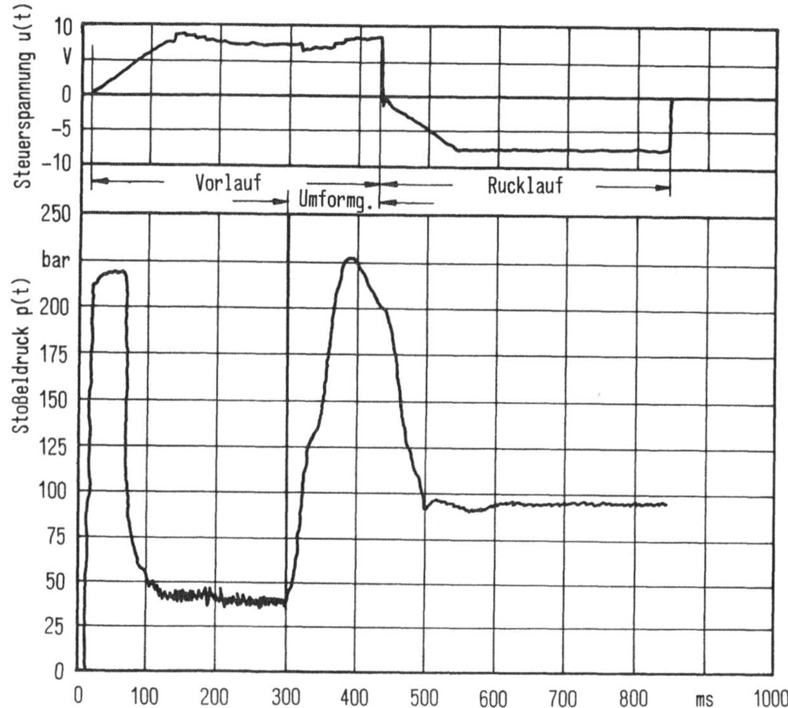

Bild 26: Stößeldruck im Arbeitshub.

Bestimmung von Beginn und Dauer der Umformphase herangezogen werden kann.

Läßt man die Beschleunigungszeit des Stößels unberücksichtigt, so entfallen im vorliegenden Beispiel lediglich knapp 40 % der Vorlaufzeit auf den Stößeleingriff zur Werkstück-Umformung. Dies bedeutet, daß der Stößel zu Beginn des Arbeitshubs weit außerhalb des Werkstückdurchmessers positioniert war und deshalb einen großen Freiweg zurücklegen mußte. Diese Freiwege können erheblich reduziert und bis auf den für die Werkstückpositionierung notwendigen Sicherheitsabstand begrenzt werden, ohne daß der technologische oder funktionale Fertigungsablauf beeinträchtigt wird. Gleichzeitig mit der Fahrwegüberprüfung am Konturmodell werden deshalb für jeden einzelnen Arbeitshub die minimal erforderlichen Rückhublängen ermittelt und zur Steuerung des Stößelrücklaufs verwendet. Minimale Rückhublängen bewirken dann minimale Vor- und Rücklaufzeiten der Stößel und damit einen zeitoptimalen Ablauf des Arbeitshubs.

Auch die Übergangsphasen zwischen Positioniervorgang und Arbeitshub können durch steuerungstechnische Maßnahmen beschleunigt werden. Eine wirkungsvolle Überlappung oder Parallelführung von Maschinenbewegungen allerdings wirft dabei große Sicherheitsprobleme auf und ist deshalb nur in sehr begrenzten Bereichen möglich. Überlagerte Achsenbewegungen in der Übergangsphase verhindern nämlich einen Steuerungsablauf mit definierter, funktionaler Schrittfolgeverriegelung (siehe Abschnitt 5.3.2) und schränken damit die Absicherung von Funktionsstörungen in entscheidender Weise ein. Optimierungsmaßnahmen zur Verkürzung der Übergangsphasen können erst dann wirksam werden, wenn die folgenden Sicherheitsvoraussetzungen nicht beeinträchtigt werden.

Übergang Positionierung - Arbeitshub:
Werkstück (Manipulator) und Werkzeuge (Hublagen) müssen vor dem Eindringen der Stößel in das Werkstück ihre Sollpositionen eingenommen haben, die betreffenden Antriebsachsen sind bei geschlossenen Absperrplatten bzw. Bremsen festgesetzt.

Alle Positioniervorgänge müssen deshalb abgeschlossen sein, bevor die Stößel ihre jeweiligen Freiwege durchlaufen haben. Bei minimierter Rückhublänge können damit höchstens während der Beschleunigung der Stößel (Anstiegsrampe) Positionierbewegungen abgeschlossen werden. Der Start des Arbeitshubs kann erst bei hinreichender Annäherung aller Positionierachsen an ihre Sollwerte erfolgen. Die Sollwert-Annäherung lagegeregelter Achsen wird bei Erreichen entsprechend dimensionierter Regelfenster vom Lageregler angezeigt.

Übergang Arbeitshub - Positionierung:
Mit der Neupositionierung des Werkstücks darf erst begonnen werden, nachdem die Stößel durch ausreichenden Rücklauf eine kollisionsfreie Längsachsenbewegung zulassen.

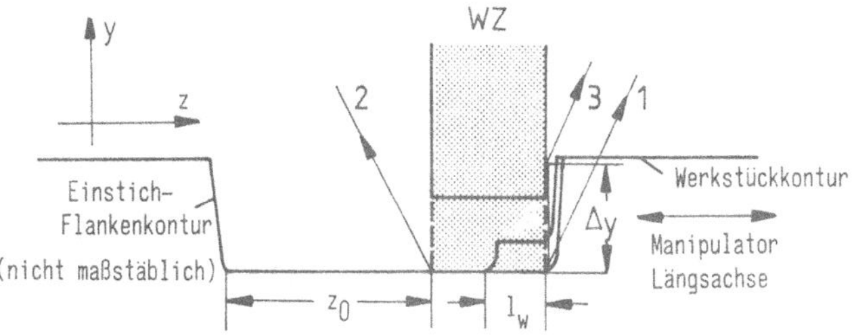

1 relative Werkzeugbewegung mit Kollision

2 relative Werkzeugbewegung ohne Kollision

3 relative Werkzeugbewegung ohne Kollision durch verzogerten Manipulatorstart

Bild 27: Kollisionsmöglichkeiten beim Übergang Arbeitshub - Positionierung.

Zur Erfüllung dieser Bedingung sind mögliche Bahnbewegungen in Abhängigkeit von der aktuellen Werkstückkontur zu untersuchen. Bild 27 zeigt eine prinzipielle Darstellung dieser Zusammenhänge während der Übergangsphase. Im Kollisionsfall (1) ist die Längsbewegung des Manipulators (z-Achse) gegenüber dem Stößelrücklauf (y-Achse) so zu verzögern, daß der Stößel einen ausreichenden Weg (Δ y) zur Vermeidung der Werkstückkollision (3) zurücklegen kann. Außerdem darf zur Absicherung von Funktionsstörungen der Manipulator erst dann angesteuert werden, wenn sich alle Stößel in der Rückwärtsbewegung befinden und eine Funktionsüberprüfung der Antriebe durch Positionsvergleich erfolgt ist (siehe Abschnitt 5.3.2, Rücklaufkontrolle).

Neben der aktuellen Werkstückkontur liefert das Reaktionsverhalten der bewegten Maschinenachsen die entscheidenden Kriterien zur Steuerung sicherer Werkzeugbahnen. Zur Abschätzung der Manipulator-Startzeitverzögerung ist daher zunächst eine Analyse von Stößelrücklauf und Manipulatorvorschub erforderlich. Die Bilder A 1, A 2 und A 3 des Anhangs zeigen gemessene Weg-Zeit-Verläufe von Stößelbewegung im Arbeitshub und der Manipulator-Längsachse an der Startphase. Die Reaktionskurven dieser hydraulisch angetriebenen Maschinenachsen zeigen eine ausgeprägte Totzeit mit schnellem Übergang in einen linearen Bereich mit konstanter Fahrgeschwindigkeit. Totzeit und besonders die Endgeschwindigkeit hängen von der Bewegungsrichtung ab und sind die Folge unterschiedlicher Ölvolumina und Kolbenflächen in den Druckräumen der doppeltwirkenden Hydraulikzylinder. Für die übrigen Stößelachsen ergeben sich hinsichtlich dieser beiden Kenngrößen keine nennenswerten Abweichungen.

Aus Sicherheitsgründen ist bei der Abschätzung von Bahnverläufen zu beachten, daß für die Stößelbewegung maximale Totzeiten und minimale Fahrgeschwindigkeiten (obere und untere Grenzwerte der experimentellen Analyse), für die Manipulatorbewegung jedoch die jeweils entgegengesetzten Extremwerte anzusetzen sind. Bei guter Näherung erhält man für den Stößelrücklauf nach Bild 27 folgende analytische Darstellung:

$$y\,(t) = V_{Sr}\,(t - T_{Sr}) \tag{1}$$

und für die Manipulator-Längsachse:

$$z\,(t_1) = V_M\,(t_1 - T_M) \tag{2}$$

wobei $V_M \in (V_{Mv}, V_{Mr})$
$T_M \in (T_{Mv}, T_{Mr})$

Eine gemeinsame Zeitbasis für beide Bewegungen wird erreicht, wenn:

$$t_1 = t - T_{Kr} - T_{VZ} \tag{3}$$

mit T_{Kr} : Rücklauf-Kontrollzeit
T_{VZ} : Start-Verzögerungszeit

Die Stößel-Rücklaufkontrolle kann erst nach Ablauf der Stößel-Totzeit erfolgreich durchgeführt werden, so daß gilt:

$$T_{Kr} \overset{(\geq)}{=} T_{Sr} \tag{4}$$

(3) und (4) in (2):

$$z(t) = V_M (t - T_{Sr} - T_{VZ} - T_M) \quad (5)$$

Die Beschreibung der Werkstückkontur ist nach Bild 28 in Abhängigkeit vom vorausgegangenen Bearbeitungsschritt und der Richtung der Längsachsenbewegung vorzunehmen. Bei Vorschub in Bearbeitungsrichtung steht das Werkzeug direkt an der Einstichflanke, die durch den vorausgegangenen Arbeitshub entstanden ist. Bei entgegengesetzt gerichtetem Vorschub besteht meist ein Abstand z_o zur nächsten Konturflanke, deren Entstehung einen oder mehrere Arbeitshübe zurückliegt und somit nicht mehr nachvollziehbar ist. Deshalb wird zur Vereinfachung festgelegt, daß der Stößel das Werkstück freigegeben hat, solange der Manipulator den Flankenabstand z_o durchläuft.

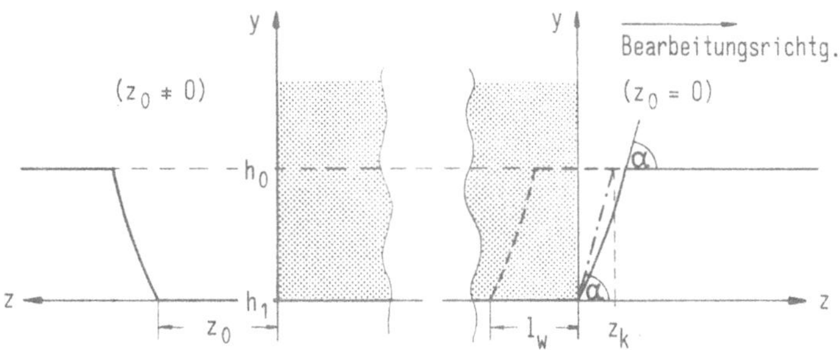

Bild 28: Werkstück-Werkzeug-Konstellation in der Übergangsphase.

Der Werkstofffluß bei der Umformung verhindert, daß rechtwinklige Konturflanken entstehen. Es bilden sich vielmehr Verläufe mit exponentiell zunehmendem Anstieg aus, die durch die Flankenwinkel α und β nach Bild 29 begrenzt werden. Die Lösung von Exponentialfunktionen während der Prozeßsteuerung gestaltet sich etwas rechenaufwendig, so daß eine Darstellung der Konturflanke 'auf der sicheren Seite' mit Hilfe des Anfangswinkels α gewählt wurde.

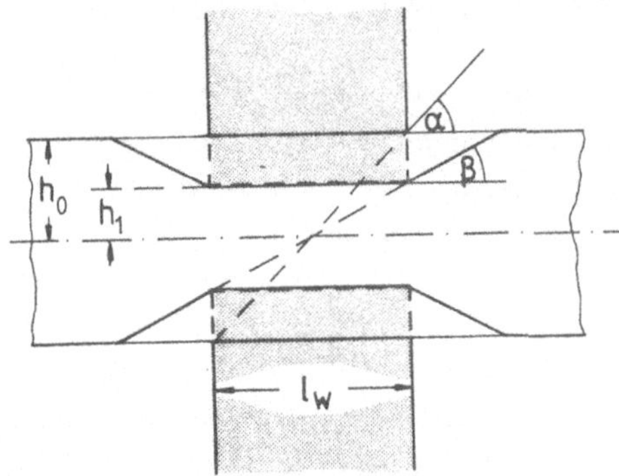

Bild 29: Entstehung von Flankenwinkeln (in Anlehnung an [18]).

Für die Konturflanken ergibt sich:

Bereich 1: $(z_o \neq 0)$

$$y(z) = h_1 \quad \text{f. } 0 \leq z < z_o$$
$$y(z) = h_o \quad \text{f. } z > z_o \tag{6}$$

mit dem kritischen Konturpunkt bei:

$$\underline{z_{k1} = z_o} \tag{7}$$

Bereich 2: $(z_o = 0)$

$$y(z) = h_o \quad \text{f. } z > z_k$$
$$y(z) = h_1 + z\tan\alpha \quad \text{f. } 0 \leq z \leq z_k \tag{8}$$

Kritischer Konturpunkt (aus den Bildern 28 und 29):

$$\tan\alpha = \frac{h_o - h_1}{z_{k2}} = \frac{h_o}{l_{w/2}}$$

$$\underline{z_{k2} = \frac{h_o - h_1}{2h_o} l_w} \tag{9}$$

Kollisionsfreiheit besteht, wenn die Stößel das Werkstück freigegeben haben, bevor der Manipulator den kritischen Konturpunkt z_k überschritten hat.

Bedingung: $$z(T_k) \leq z_k \tag{10}$$

aus (1): $$y\,(T_k) = V_{Sr}\,(T_k - T_{Sr}) = h_o - h_1$$

$$T_k = \frac{h_o - h_1}{V_{Sr}} + T_{Sr} \tag{11}$$

Bereich 1: in (5) mit (7)

$$z_o \geqslant V_M \left(\frac{h_o - h_1}{V_{Sr}} - T_{VZ1} - T_M\right)$$

$$T_{VZ1} \geqslant \frac{h_o - h_1}{V_{Sr}} - \frac{z_o}{V_M} - T_M \tag{12}$$

Bereich 2: in (5) mit (9)

$$\frac{h_o - h_1}{2h_o} l_w \geqslant V_M \left(\frac{h_o - h_1}{V_{Sr}} - T_{VZ2} - T_M\right)$$

$$T_{VZ2} \geqslant \frac{h_o - h_1}{V_{Sr}} - \frac{h_o - h_1}{2h_o V_M} l_w - T_M \tag{13}$$

Die aktuellen Parameter für die Werkstückdurchmesser h_o und h_1, die wirksame Werkzeuglänge l_w, sowie die Vorschubrichtung mit dem Flankenabstand z_o werden aus dem Konturmodell ermittelt und zur näherungsweisen Berechnung der Verzögerungszeiten herangezogen. Aufgrund der Formeln (12) bzw. (13) können die Verzögerungszeiten sowohl positive als auch negative Werte annehmen, wobei negative Ergebnisse ohne Auswirkung auf die Steuerung der Übergangsphase bleiben.

7.3 Technologische Optimierung

Maßnahmen zur technologischen Optimierung dienen der Erzielung und Sicherung optimaler Produktqualitäten. Besonders die verfahrenstechnisch optimale Steuerung des Umformvorgangs durch eine synchrone Stößelführung im Arbeitshub, aber auch die ständige Kontrolle geometrischer Werkstückeigenschaften stehen dabei im Vordergrund.

7.3.1 Synchrone Hubsteuerung

Eine gute Vorlaufsynchronisierung der Stößelbewegungen im Arbeitshub soll sicherstellen, daß alle wirksamen Werkzeuge gleichzeitig in das Werkstück eindringen und dort in allen

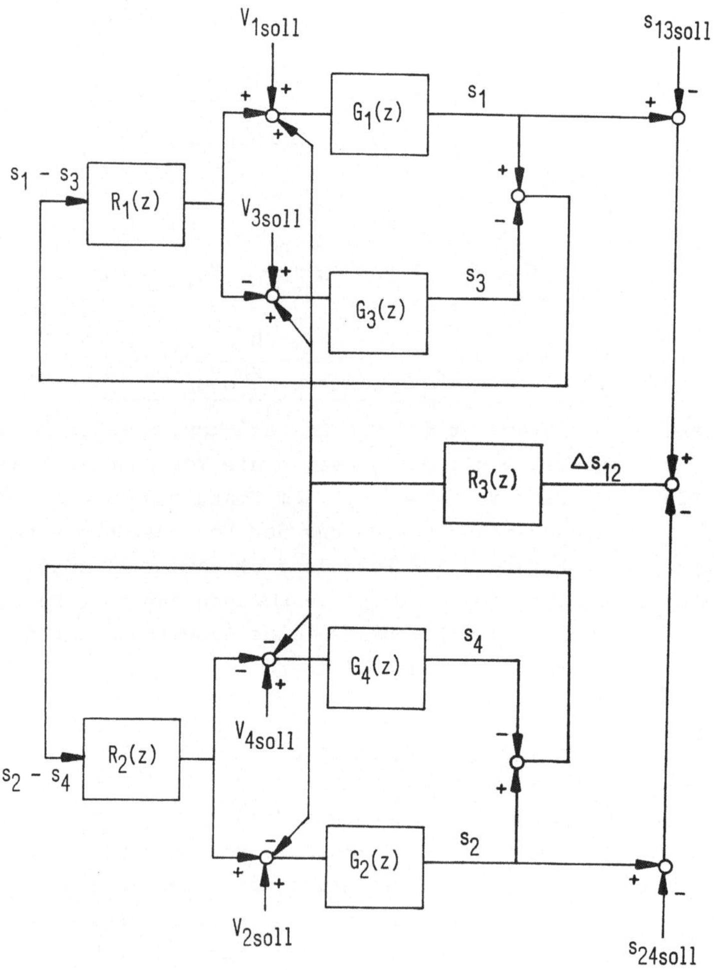

Bild 30: Regelsystem zur Vorlaufsynchronisierung (Blockschaltbild).

Wirkungsrichtungen eine gleichmäßige Umformung herbeiführen. Damit können unzulässige längsachsige Biegemomente und -beanspruchungen von Werkstück und Einspannung (Spannzange) vermieden und ungleichmäßiger Werkstofffluß, der die mechanischen Eigenschaften des umgeformten Werkstücks beeinträchtigt, verhindert werden.

Synchroner Stößelvorlauf erfolgt, wenn jeder Stößel zu jedem Zeitpunkt der Vorwärtsbewegung denselben Abstand zu seiner individuellen Endlage aufweist. Dazu sind die aktuellen Stößelpositionen fortlaufend zu erfassen und auftretende Positionsdifferenzen durch Korrektur der Sollwertvorgaben auszuregeln.

Bild 30 zeigt das Blockschaltbild der Synchronisierungsregelung. Der strukturelle Aufbau entspricht der Stößelkonfiguration. Zwei identische Teilsysteme für die Stößel 1 und 3 der x-Richtung bzw. 2 und 4 der y-Richtung übernehmen die Differenzenregelung der sich jeweils gegenüberstehenden Achsen; eine Überlagerung der Positionsdifferenzen von Stößel 1 und 2 erlaubt die Paarkreuz-Synchronisierung in einem dritten Teilsystem, dessen Struktur der der anderen Teilsysteme aufgrund des gleichen Aufbaus und übereinstimmender Signalflüsse völlig entspricht.

Querschnitte mit unterschiedlichen Durchmessern in den beiden Bearbeitungsrichtungen (z. B. Rechtecke) können durch verschiedene Vorgaben für die Stößel-Endlagen (s_{13soll}, s_{24soll}) ebenfalls synchron bearbeitet werden. Durch diese Anordnung kann auf eine Bewertung der Differenzen 2-3, 3-4 und 1-4 verzichtet werden.

Für die Analyse und Stabilisierung des Regelsystems wurden die bekannten Methoden aus der Abtasttheorie für zeitdiskrete Übertragungssysteme angewendet [61 bis 63]. Zur Bestimmung der Streckencharakteristik wird das dynamische Übertragungsverhalten mit Hilfe standardisierter Eingangsfunktionen aufgenommen und ausgewertet. Bild A 4 des Anhangs zeigt den zeitlichen Verlauf der Stößelwege bei sprungförmiger Änderung der Ansteuersignale (Sprungantwort).

Die Aufnahme der Sprungantworten bei Ansteuerung stillstehender Stößel (gestrichelte Verläufe) zeigt eine Überlagerung von Totzeit, Verzögerungsphase während der Beschleunigung und linearem Anstieg bei gleichförmiger Geschwindigkeit. Die Totzeit ergibt sich als Folge der Reibungsbedingungen (Haftreibung) in der unmittelbaren Startphase.

Die Regelungsfunktionen der Steuerung setzen allerdings erst dann ein, wenn das Ansteuersignal die Anstiegsrampe der Steuercharakteristik durchlaufen hat (siehe Bild 14). Die Stößel befinden sich dann bereits in Bewegung (vgl. Bild 26). Eine zweite Aufnahme der Sprungantworten aus niedriger Anfangsgeschwindigkeit (durchgezogene Verläufe) zeigt die Verhältnisse in diesem speziellen Betriebsfall. Man erkennt, daß der Einfluß der Haftreibung verschwunden ist und lediglich die beschleunigten und gleichförmigen Bewegungsphasen übrigbleiben.

Ein physikalisches Modell der Regelstrecken kann durch Kombination linearer Standard-Übertragungsglieder abgeleitet und dem Verlauf der Sprungantworten angepaßt werden. Das physikalische Modell führt zu einer analytischen Darstellung des Übertragungsverhaltens und erlaubt damit die notwendigen Berechnungen zur Synthese des Regelsystems.

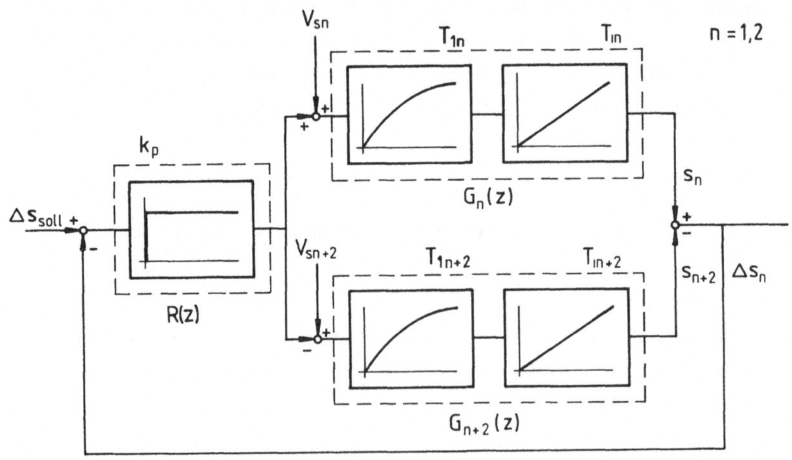

Bild 31: Regeltechnisches Modell eines Teilsystems.

Bild 31 zeigt ein strukturelles Ersatzschaltbild der Teilsysteme. Eine Reihenschaltung von Verzögerungsglied 1. Ordnung (VZ_1-, PT_1-Glied) und Integralglied (I-Glied) repräsentiert die Regelstrecke. Als Regler wird ein Proportionalregler (P-Regler) vorgesehen. Die Größe der Verzögerungszeit T_1 und der Integrationszeit T_i erhält man durch eine grafische Auswertung der Sprungantworten [64].

Zur Untersuchung von Stabilität, Dynamik und Führungsverhalten des Regelkreises werden analog zur Analyse zeitkontinuierlicher Systeme die betreffenden rationalen Übertragungsfunktionen mit Hilfe der diskreten Laplace- oder z-Transformation bestimmt. Aus der Führungsübertragungsfunktion kann durch Rücktransformation in den Zeitbereich das Verhalten der Regelgröße Δs bei einem Sprung der Führungsgröße Δs_{soll} gewonnen und dargestellt werden (Bild 32). Die Reglerverstär-

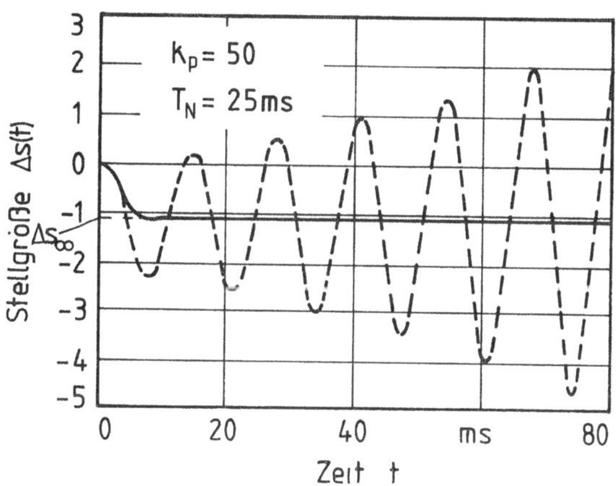

Bild 32: Führungssprungantwort (instabil).

kung k_p und die Abtastzeit T_N werden so dimensioniert, daß Stabilität eintritt und die Regelgröße ein gewünschtes Ausregel- bzw. Einschwingverhalten zeigt. Sowohl für die Abtastzeit, als auch für die Reglerverstärkung existieren systembedingte Grenzen. Die Abtastzeit kann die Rechenzeit des Regelsystems mit Meßwerterfassung, Berechnung der Regeldifferenzen und Stellgrößenkorrektur und die Stellgrößen-Ausgabe nicht unterschreiten. Hierfür sind mindestens acht Millisekunden erforderlich. Die Reglerverstärkung ist so zu wählen, daß sie innerhalb der Begrenzung der zulässigen Stellgrößenänderung wirksam wird.

Eine schnelle und anschauliche Methode zur Dimensionierung der Regelungsparameter stellt die Simulation der Führungssprungantwort am grafischen Bildschirm dar. Die Ergebnisse der Simulation mit schrittweiser Variation der Variablen zeigen die Bilder A 5 und A 6 des Anhangs. Der optimale Verlauf der Regelgröße mit geringster Einstellzeit bei tolerierbarem Überschwingen wurde durch eine Verstärkung von $k_p = 7$ bei einer Abtastzeit von $T_N = 15$ ms erreicht.

Auch unter Sicherheitsaspekten erweist sich die Einbeziehung und Beeinflussung aller Stößelantriebe durch die Differenzenregelung als sehr vorteilhaft. Beim Ausfall eines Antriebs werden alle Stößelbewegungen in wenigen Regelzyklen abgebremst und damit ein unkontrollierter, unsymmetrischer Werkzeugeingriff verhindert.

Die Wirksamkeit des Regelsystems bei der Vorlaufsynchronisierung wurde durch eine direkte Messung der Stößel-Wegdifferenzen während der Bearbeitung überprüft. Die Meßergebnisse sind in Bild 33 dargestellt.

Während des Vorlaufs bestehen zwei besondere Ursachen für Synchronisationsstörungen. Verschiedene Startpositionen aufgrund des ungeregelten Stößelrücklaufs und unterschiedliche Totzeiten der einzelnen Stößel führen direkt beim Start zu einer relativ großen Abweichung. Diese wird bis zum Beginn der Umformphase ausgeregelt.

Beim Eindringen der Stößel in das Werkstück entsteht eine weitere Störung, die durch eine mangelhafte Symmetrie und Mittigkeit des Werkstücks hervorgerufen wird. Auch unter Belastung durch den Umformvorgang ist noch eine Regelwirkung erkennbar. Die Abweichungen der vorderen Endlagen der Stößel allerdings können nicht korrigiert werden; sie stellen die relativen Positionsabweichungen der Hublagen zueinander dar.

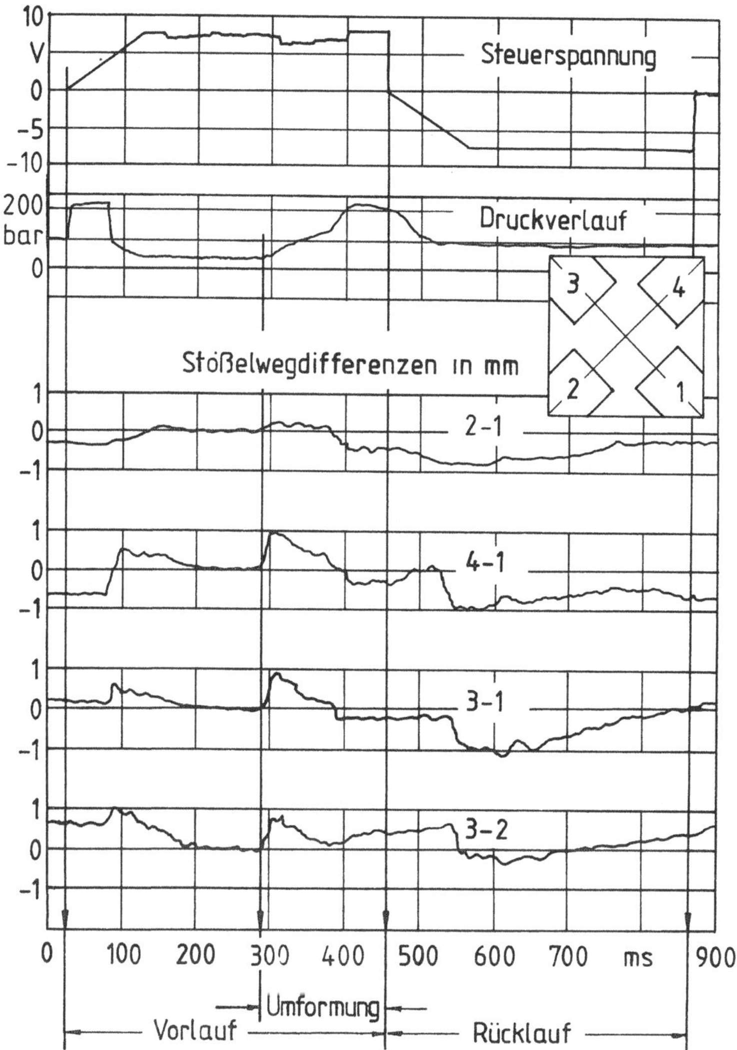

Bild 33: Verlauf der Regelgrößen im Arbeitshub.

7.3.2 Abmessungen, Oberflächen und Kantenbearbeitung

Die Hublagenbewegungen der Werkzeuge erfolgen in unbelastetem Zustand der Radialumformmaschine und dienen der Vorgabe zu bearbeitender Werkstückdurchmesser. Beim Arbeitshub unterliegen diese eingestellten Positionen jedoch belastungsabhängigen Einflüssen durch Lagerspiel und elastischer Auffederung der Zentraleinheit. Dabei treten zum Teil Maßabweichungen der gefertigten Werkstückdurchmesser auf, die nicht toleriert werden können.

Während der Initialisierung der Maschine und nach Einstellung des ersten Bearbeitungsdurchmessers wird deshalb ein erster Hub (Referenzhub) ausgeführt. Das komplette Lagerspiel der Antriebsachse und bestimmte Anteile der Auffederung werden berücksichtigt, wenn dabei die absolut erreichten Endlagen der Stößel mit Hilfe der induktiven Geber erfaßt werden. Vor der zyklischen Bearbeitung des Werkstücks erfolgt die Ausregelung und Kompensation der Positionsabweichungen, bis eine Durchmesserbearbeitung innerhalb der angestrebten Maßtoleranzen möglich wird.

Diese Kontroll- und Korrekturmaßnahmen sind außer bei der Maschineninitialisierung nach jeder Durchmesseränderung vorzusehen. Während der Reckbearbeitung durch mehrere Manipulatorvorschübe bei unveränderten Hublagenpositionen kann dann auf Korrekturen verzichtet werden, so daß glatte, ebene Werkstückoberflächen entstehen.

Eine abschließende Maßnahme zur Verbesserung der Werkstückform betrifft die längsachsige Bearbeitung von Einstichkanten. Sie kann mit Hilfe des Konturmodells getroffen werden. Wie bereits in Abschnitt 7.2.2 dargelegt wurde, ist die formgetreue Bearbeitung von Einstichen mit ideal rechtwinkligen, 'scharfen' Kanten nicht durchführbar. Eine Verbesserung der Flankenwinkel läßt sich jedoch erreichen, wenn die Konturkante von der Steuerung erkannt und daraufhin mehrfach mit entsprechend korrigiertem Werkstück-Manipulator bearbeitet wird. Bei der Auswertung des Konturmodells und Analyse des folgenden Bearbeitungsschrittes wird daher eine Erkennung von Einstich-Konturkanten vorgenommen, die zur Einleitung entsprechender Steuerungsmaßnahmen herangezogen werden kann.

8 Bewertung der durchgeführten Maßnahmen für die praktische Anwendung

Das im vorangegangenen Kapitel entwickelte und realisierte Steuerungssystem der Radialumformmaschine mit automatischer Prozeßführung soll nachstehend einer an der Praxis orientierten Beurteilung unterzogen werden. Bei der Bewertung von Einfluß und Wirksamkeit der Prozeßführung auf den Fertigungsablauf und das Fertigungsergebnis muß zwischen überwachenden und optimierenden steuerungstechnischen Maßnahmen unterschieden werden.

Überwachungsmaßnahmen müssen, sofern sie der Herstellung und dem Schutz der System-Sicherheit dienen, bei automatischer Betriebsweise absolut wirksam sein. Die Überwachung und Sicherheit von Steuerungsfunktionen und kollisionsfreien Bearbeitungsabläufen darf zu keinem Zeitpunkt beeinträchtigt werden. Hier erweisen sich die funktionale Ablaufverriegelung mit Zeitüberwachung und besonders die vorausschauende Fahrwegkontrolle anhand des Werkstück-Konturmodells als wirksame und taugliche Hilfsmittel.

Gute Erfolge erzielten die Maßnahmen zur Sicherung und Verbesserung der Werkstückabmessungen. Durch eine äußerst exakte Erfassung und Ausregelung der Werkstücklängung nach jedem Umformschritt konnten bezüglich der axialen Sollmaße der einzelnen Formelemente des Werkstücks Toleranzbereiche von ca. 0,5 mm erreicht werden.
Die Toleranzbereiche der radialen Werkstückmaße lagen ursprünglich aufgrund erheblicher Lagerspiele der Hublagenspindeln bei ca. 2 mm. Die Adaption der Achsenkoordinaten an den belasteten Pressenzustand, insbesondere die Einführung eines Referenzhubs während der Maschineninitialisierung, reduzierte diese Maßabweichungen ebenfalls auf ca. 0,5 mm und erreichte dadurch eine Verbesserung von rund 200 %.

Eine der wichtigsten verfahrenstechnischen Optimierungsmaßnahmen stellt die Vorlaufsynchronisierung der Stößelbewegungen im Arbeitshub dar. Die Wirksamkeit des komplexen Regelsystems zur Eliminierung der aktuellen Positionsdifferenzen im Vorlauf wurde meßtechnisch nachgewiesen und bereits in Bild 33 dargestellt. Die gleichmäßige, symmetrische Ausbildung des Werkstoffflusses in der Umformzone durch eine synchrone Stößelführung ist von entscheidender Bedeutung für eine möglichst homogene Formänderungsverteilung im Werkstück und die sich daraus ergebenden guten mechanischen Eigenschaften, sowie für die gesamte äußere Formgenauigkeit des Werkstücks.

Die Auswirkungen der durchgeführten Optimierungsmaßnahmen im Hinblick auf eine Verkürzung der Fertigungszeiten sind in besonderem Maße von den individuellen zu bearbeitenden Werkstückformen abhängig. Die Steuerung zeitoptimaler Positionierphasen durch parallele Achsenbewegungen, die Minimierung der Dauer des Arbeitshubs durch eine optimierte Rückhublänge und die Verkürzung der Übergangsphasen der beiden Betriebszustände durch zeitliche Überlappung kann je nach Komplexität der Werkstückkonfiguration mehr oder weniger intensiv betrieben werden.

Aufgrund der technischen Gegebenheiten des Arbeitsraums der Radialumformmaschine sind Werkstücke mit einer Länge von bis zu 1000 mm bearbeitbar; der größte Durchmesser beträgt dabei 150 mm. Die Analyse einer großen Anzahl industriell eingesetzter Werkstücke mit gerader Längsachse des passenden Spektrums (vornehmlich Achsen, Wellen, Spindeln usw.) läßt erkennen, daß 95 % der vorkommenden Hauptformelemente zylindrisch und lediglich ca. 3 % kegelig sind. Der Rest verteilt sich auf Vierkante, Sechskante usw. [18, 65].

Die Untersuchung der Konturverläufe (Bild 34) zeigt, daß nur ca. 17 % aller Werkstücke aus Formelementen zusammengesetzt sind, deren Querschnitte mehrfach zu- oder abnehmen. Nur diese Klasse von Werkstücken kann also Einstiche aufweisen und deshalb die betreffenden steuerungstechnischen Maßnahmen, wie Flankenkonturbearbeitung und Einzelpositionierung der Manipulatorachsen, erforderlich machen.

Anhand der Analysen wird weiterhin ersichtlich, daß die Durchmesserunterschiede benachbarter Formelemente selten Bereiche von 50 mm bis 70 mm übersteigen und daher kaum der vollständige Hub der Arbeitsstößel von jeweils 50 mm innerhalb

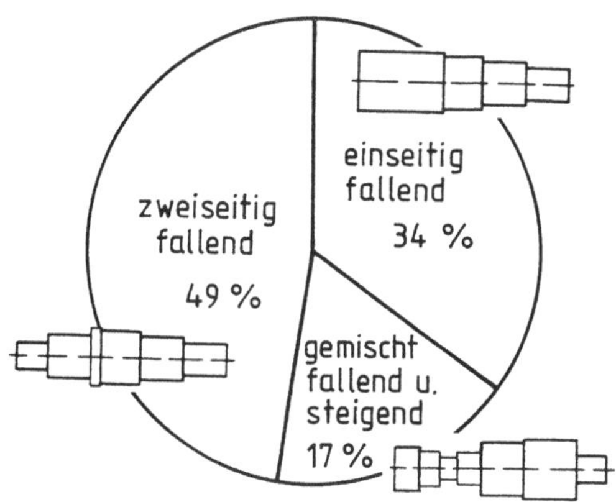

Bild 34: Konturverlauf (aus [65]).

einer Arbeitsstufe notwendig wird. Aus diesem Grund wurde bereits in der ursprünglichen, unoptimierten Form des Stößel-Steuerprogramms ein reduzierter Rückhub von ca. 35 mm eingeführt.

Minimale, an der aktuellen Werkstückkontur orientierte Stößelrückhübe schließlich und die Minimierung der Übergangsphasen von Arbeitshub und Positionierung erbrachten eine sehr wirksame Steigerung der Zyklusgeschwindigkeiten und dadurch eine nachhaltige Verringerung der Fertigungszeiten. Obwohl nur in wenigen extremen Fällen ein verzögerter Manipulatorstart erforderlich wird, können erst bei relativ langem Stößelrückhub (über 30 mm) aufgrund der großen Totzeit beim Start des Manipulators gleichzeitige, überlappende Achsenbewegungen von Stößeln und Vorschub beobachtet werden. Die Zeitersparnis im Übergang ergibt sich allerdings dennoch aus der teilweisen Kompensation dieser Totzeiten.

Der aktuelle Ausbauzustand der MCNC-Positioniersteuerung erlaubt in der momentanen Übergangsphase noch keine vollständige Parallelsteuerung von Manipulator- und Hublagenachsen. Dennoch konnten bei der versuchsweisen Fertigung einer Auswahl von Werkstücken mit unterschiedlichem Konturverlauf durch die übrigen Optimierungsmaßnahmen Einsparungen in der Fertigungszeit zwischen ca. 15 % und ca. 40 % erreicht werden.

Bei der Herstellung von Werkstücken mit Sonderquerprofilen können Optimierungsmaßnahmen auf der Grundlage des Werkstück-Konturmodells nur in eingeschränktem Umfang eingesetzt werden. Das Konturmodell erfaßt in seiner jetzigen Form bei der Darstellung der Querschnittsformen lediglich die einfach symmetrischen, quadratischen oder rechteckigen Kernbereiche des Querschnitts (Bild 35). Diese eingeschränkte Modelldarstellung bietet jedoch nur ungenügende Informationen zur Absicherung von Drehbewegungen. Querrippen in der Längsachse des Werkstücks allerdings werden abgebildet und damit erkennbar. So

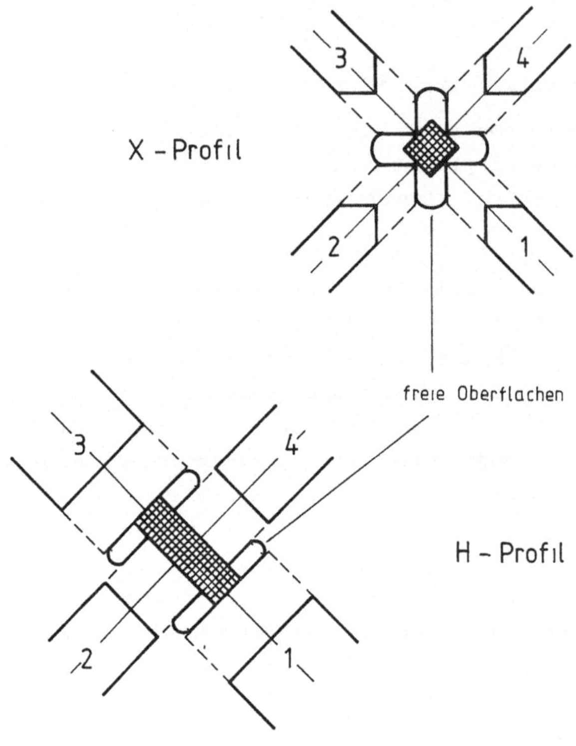

Bild 35: Herstellung von Sonderprofilen.

können auch Sonderprofile, die keine Manipulatordrehung während der Bearbeitung erfordern, in optimierter Fertigungsweise hergestellt werden.

9 Zusammenfassung

Produktivitäts- und Wirtschaftlichkeitsschwächen der Klein- und Mittelserienfertigung kann nur mit Hilfe anpassungsfähiger - flexibler - Bearbeitungssysteme und weitgehender Automatisierung begegnet werden. Dem Einsatz automatischer, flexibler Fertigungssysteme, die eine Kombination unterschiedlicher Fertigungsverfahren und -anlagen ermöglichen, kommt dabei eine besondere Bedeutung zu.

Die Automatisierung flexibler Bearbeitungssysteme der Umformtechnik erfordert den Einsatz von Steuerungskonzepten und -strategien, die in hohem Maße verfahrens- und maschinentechnische Randbedingungen berücksichtigen und bei der Durchführung werkstückspezifischer Bearbeitungsabläufe einbeziehen können. Diese enge technologische Abhängigkeit führt zwangsläufig zu Lösungen, die auf spezielle Anlagen zugeschnitten sind.

Das Ziel der vorliegenden Arbeit war die Entwicklung und Erprobung eines effektiven, numerische Steuerungs- und Informationssystems, das den automatischen Betrieb der flexiblen Bearbeitungseinheit Radialumformmaschine RUMX-2000 ermöglicht.

Die wichtigsten Voraussetzungen zur Erstellung von Steuerungskonzepten für die Pilotanlage bildete eine Untersuchung der Leistungsfähigkeit und der Einsatzmöglichkeiten moderner Steuerungs- und Automatisierungsmittel, sowie die steuerungstechnische Analyse der wesentlichen Verfahrenseinflüsse auf den Fertigungsablauf.

Ein maßgeblicher Schritt bei der Inbetriebnahme der Anlage wurde erreicht durch die Realisierung eines Programmsystems zur automatischen Steuerung aller notwendigen Maschinenfunktionen und zur Organisation eines automatischen Betriebsablaufs nach vorgegebenem Teileprogramm. Dieses Programmsystem berücksichtigt bereits alle technischen Anforderungen der prozeßnahen Steuerungsebene im Zusammenwirken der Steuerungseinrichtungen mit den Meß- und Antriebselementen der Maschine und erfüllt ein grundlegendes Sicherheitskonzept. Der modulare, hierarchische Aufbau des Steuerprogramms in direkter Anlehnung an die verschiedenen Betriebszustände des Bearbeitungsablaufs und die entsprechenden Maschinenfunktionen läßt genügend Raum für eine Erweiterung, Aktualisierung und Modifizierung des gesamten Steuerungssystems.

Zur Sicherung der Einsatzbereiche der Radialumformmaschine gegenüber konkurrierenden Fertigungsverfahren wurden außerdem im Zuge einer umfassenden Prozeßlenkung übergeordnete, organisatorische Steuerungsmaßnahmen entwickelt und durchgeführt. Eine fortwährende Überwachung und Optimierung der Prozeßverläufe durch Einrichtungen des Steuerungssystems bewirkt, daß Verfügbarkeit und Produktivität des Maschinensystems und die Qualität der gefertigten Werkstücke wesentlich verbessert bzw. erhöht werden konnten. Herausragende Aspekte einer optimierten und überwachten Werkstückfertigung mit der Radialumformmaschine stellen dabei die Minimierung der Fertigungszeiten und eine Synchronisierung der Arbeitsstößel zur Schaffung optimaler Umformbedingungen, sowie die Überwachung von Fertigungsmaßen und die Absicherung von Achsenkollisionen dar.

Das System zur automatischen Prozeßlenkung bedarf zusätzlicher Informationen über aktuelle Prozeßzustände während der Bearbeitung. In Ermangelung geeigneter Meß- und Sensoreinrichtungen zur direkten Rückkoppelung relevanter Prozeßgrößen wurde ein theoretisches, numerisches Prozeßmodell des in Bearbeitung befindlichen Werkstücks (Werkstück-Konturmodell) entwickelt und in das Steuerungssystem integriert. Anhand dieses Konturmodells konnte eine Anpassung des Steuerungsablaufs an eine individuelle Werkstückbearbeitung erfolgen und eine Reihe wichtiger Sicherungs- und Optimierungsmaßnahmen eingeführt werden. Die Sicherung paralleler Achsenpositionierungen durch eine vorausschauende Fahrwegkontrolle und die Verkürzung der Dauer des Arbeitshubs durch individuelle, minimierte Stößel-Rücklaufwege bilden dabei Ergebnisse mit besonders nachhaltigem Einfluß auf den Bearbeitungsverlauf.

Obwohl die Auswirkungen einiger der getroffenen Überwachungs- und Optimierungsmaßnahmen von der speziellen Werkstückkonfiguration abhängen, lassen sich durch die Gesamtheit der Maßnahmen zur Prozeßlenkung bei sicherer Prozeßführung erhebliche Leistungssteigerungen der Radialumformmaschine erzielen. Die einzelnen Steuerungsmaßnahmen und deren Wirksamkeit wurden abschließend anhand der versuchsweisen Fertigung einer für das definierte Spektrum charakteristischen Auswahl verschiedener Werkstückformen untersucht und nachgewiesen.

Anhang

(Bildteil)

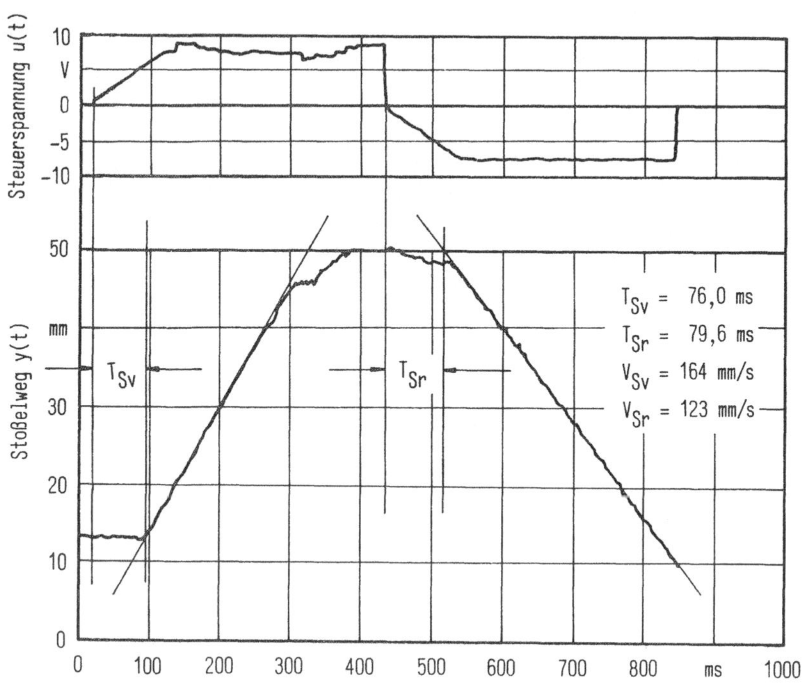

Bild A 1: Stößel-Wegcharakteristik im Arbeitshub.

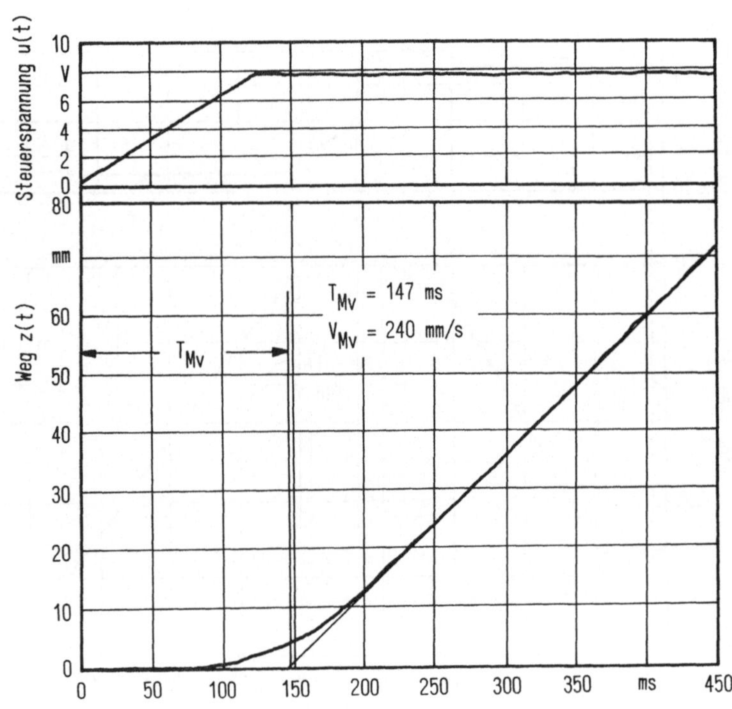

Bild A 2: Manipulator-Start vorwärts.

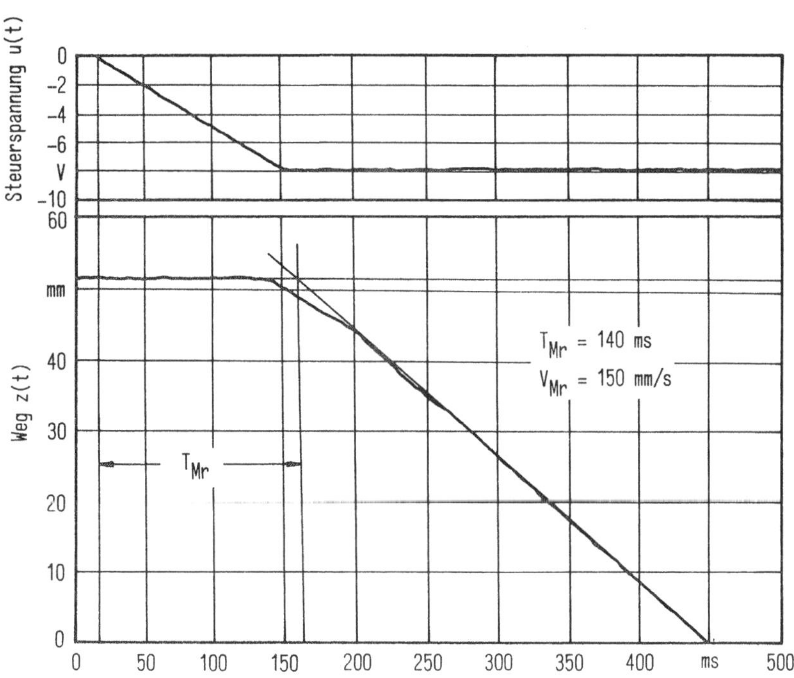

Bild A 3: Manipulator-Start rückwärts.

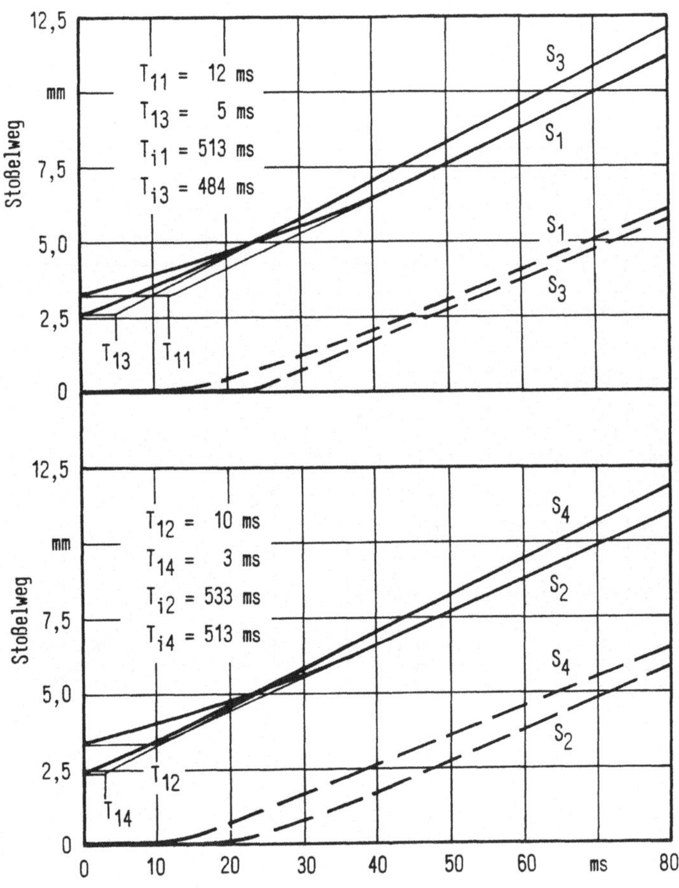

Bild A 4: Sprungantworten der Arbeitsstößel.

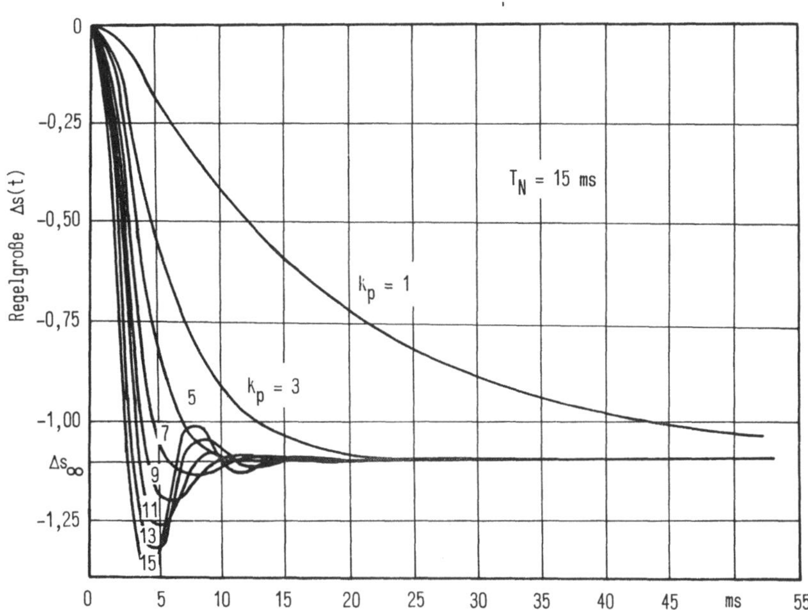

Bild A 5: Reglerentwurf - Variation von k_p.

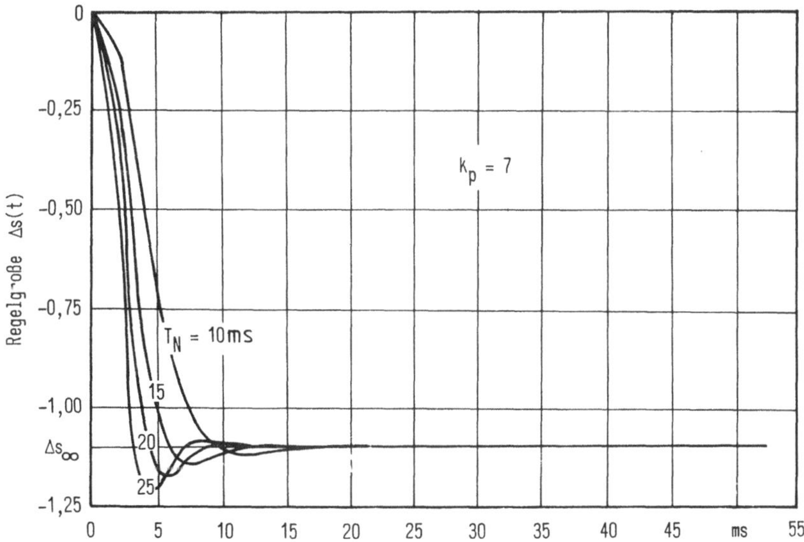

Bild A 6: Reglerentwurf - Variation von T_N.

Literaturverzeichnis

[1] Lange, K., Stute, G., Warnecke, H.-J.: Eindrücke und Gedanken zur Europäischen Werkzeugmaschinen-Ausstellung 4. EMO. Wt.-Z. ind. Fert. 71 (1981), S. 741 bis 748.

[2] Stute, G.: Numerische Steuerungen. Wt.-Z. ind. Fert. 72 (1982), Jubiläums-Sonderteil, S. S 89 bis S 113.

[3] Kaltenecker, H.: Funktionelle und strukturelle Entwicklung der Prozeßautomatisierung. rtp Regelungstechnische Praxis (1981) 10, S. 348 bis 355.

[4] Maßberg, W.: Automatisierung in der Umformtechnik, Interview anläßlich der 4. EMO. Ind. Anz. 73 (1981), S. 87 bis 89.

[5] Venkatesh, V. C.: Recent Trends in Metal Forming: Machine-tool Production, Process Research and Computer-Integrated Manufacturing. Journal of Mechanical Working Technology, 7 (1982), S. 1 bis 9.

[6] Storr, A.: Planung und Realisierung flexibler Fertigungssysteme. Wt.-Z. ind. Fert. 69 (1979), S. 147 bis 156.

[7] Bauer, E.: Steuerungsstrukturen für flexible Fertigungssysteme. Wt.-Z. ind. Fert. 70 (1980), S. 521 bis 524.

[8] Firnau, J.: Flexible Fertigungssysteme - Entwicklung und Erprobung eines zentralen Steuerungssystems. Dr.-Ing. Dissertation Universität Stuttgart. Berlin, Heidelberg, New York: Springer 1981.

[9] Weseslindtner, H.: Teilebearbeitung auf flexiblen, rechnergeführten Fertigungssystemen. Ingenieur digest 19 (1980) 9, S. 67 bis 70.

[10] Vogt, H., Weseslindtner, H.: Rechnergeführtes, flexibles Fertigungssystem. Werkst. u. Betrieb 113 (1980) 9, S. 603 bis 606.

[11] Arnold, W., Nicklau, R.-G.: Flexible Fertigungssysteme - Antwort auf Kostendruck und kleine Losgrößen. Werkst. u. Betrieb 114 (1981) 12, S. 867 bis 874.

[12] Weseslindtner, H.: Rechnergeführte flexible Fertigungssysteme. Präzision im Spiegel 1 (1981), S. 4 bis 14.

[13] Spur, G., Mertins, K.: Flexible Fertigungssysteme, Produktionsanlagen der flexiblen Automatisierung. Z. wirt. Fert. 76 (1981) 9, S. 441 bis 448.

[14] Stadie, W.: Flexible Fertigungssysteme in Japan. Z. wirt. Fert. 75 (1980) 1, S. 28 bis 32.

[15] Kaiser, H.: Umformende Bearbeitung in flexiblen Fertigungssystemen. Bericht aus dem Institut für Umformtechnik Nr. 44, Universität Stuttgart. Essen: Girardet 1977.

[16] Maßberg, W.: Einsatz von Rechnerstrukturen in der Umformtechnik. Z. wirt. Fert. 75 (1980) 1, S. 11 bis 18.

[17] Lange, K., Noller, H., Schmidt, V.: Contribution of Numerical Control to the Development of Metal Forming Processes. Key-Note-Paper, Annals of the CIRP Vol. 31 (1982) 2.

[18] Metzger, P.: Die numerisch gesteuerte Radialumformmaschine und ihr Einsatz im Rahmen einer flexiblen Fertigung. Bericht aus dem Institut für Umformtechnik Nr. 55, Universität Stuttgart. Berlin, Heidelberg, New York: Springer 1980.

[19] Hilgers, P.: Softwareorientierter Entwurf von Maschinensteuerungen. rtp Regelungstechnische Praxis 24 (1982) 6, S. 203 bis 209.

[20] Kriesi, H.: Automatisieren von Prozessen mit den richtigen Mitteln. Technische Rundschau 38 (1979), S. 33 bis 40.

[21] Schulz, H., Weseslindtner, H.: Software für flexible Fertigungssysteme. Z. wirt. Fert. 75 (1980) 8, S. 370 bis 375.

[22] Signer, A.: CNC, nach MPST-Empfehlungen aufgebaut. Wt.-Z. ind. Fert. 71 (1981), S. 729 bis 733.

[23] Eversheim, W., Gebauer, D., Holz, B.: Stand und Entwicklungstendenzen der NC-Technik. tz f. Metallb. 76 (1982) 1, S. 35 bis 43.

[24] Walker, T.: DNC und Mini-DNC. wt-Z. ind. Fert. 72 (1982) 5, S. 253 bis 257.

[25] Stute, G.: Die Entwicklung der Steuerungstechnik unter dem Einfluß der Bauelemente. wt-Z. ind. Fert. 66 (1976) 12, S. 683 bis 690.

[26] Lauber, R.: Leistungskriterien von Prozeßrechensystemen. Lecture Notes in Computer Science, GFK-GI-GMR Fachtagung Prozeßrechner 1974. Berlin, Heidelberg, New York: Springer 1974.

[27] Storr, A.: Programmierung von NC-Maschinen. Vorträge zum Fertigungstechnischen Kolloquium 1982, Stuttgart, S. 75 bis 85.

[28] Kuklik, H.: EXAPT 1.1 - Flexible Programmierung leichtgemacht. tz f. Metallbearbeitung 73 (1979) 2, S. 24 bis 31.

[29] Meyer, H.: Numerische Steuerungen, Werkstattprogrammierung oder Programmerstellung in der Arbeitsvorbereitung? tz f. Metallbearbeitung 76 (1982) 9, S. 46 bis 49.

[30] Bramm, Th., Meier, H.: Entwicklung einer CNC-Drehmaschinensteuerung für die Mehrstück- und Mehrschnittbearbeitung. Z. wirt. Fert. 76 (1981) S. 391 bis 393.

[31] Joosten, J., Robben, W.: Flexible CNC-Steuerung auf Mikroprozessorbasis. Z. wirt. Fert. 75 (1980) 7, S. 317 bis 320.

[32] Krause, P.: NC-Programmiersystem RADU. tz f. Metallbearbeitung 76 (1982) 9, S. 17 bis 20.

[33] Schöling, H.: Optimierung von CNC-Mehrkoordinaten-Meßgeräten. Dr.-Ing. Dissertation RWTH Aachen 1982.

[34] Kopp, R., Tuke, K.-H.: Grundlagen und Verfahren der Hochumformung zur Erzeugung von Stabstahl. Stahl und Eisen 97 (1977) 16, S. 761 bis 765.

[35] Paukert, R.: Rechnerische Ermittlung von Zustandsgrößen beim Radialumformen. Bericht aus dem Institut für Umformtechnik, Universität Stuttgart, erscheint demnächst.

[36] Elektro-hydraulische Regelungstechnik, elektrohydraulisches Servoventil, BOSCH-Firmenprospekt 10.73.

[37] Ebertshäuser, H. u. a.: Bauelemente der Ölhydraulik, Teil II: Steuerungen und Zubehör. Mainz: Krausskopf 1974.

[38] Findeisen, F. u. D.: Ölhydraulik. Berlin, Heidelberg, New York: Springer 1978.

[39] Ahrens, D., Günther, H.: Verfahren der Positionierung und Lageregelung. rtp Regelungstechnische Praxis 23 (1981) 12, S. 428 - 436.

[40] Herold, H., Maßberg, W., Stute, G.: Die numerische Steuerung in der Fertigungstechnik. Düsseldorf: VDI-Verlag 1971.

[41] Lauber, R.: Prozeßautomatisierung I, Aufbau und Programmierung von Prozeßrechnern. Berlin, Heidelberg, New York: Springer 1976.

[42] Herrscher, A.: Beitrag zum Entwurf und zur Realisierung prozeßnaher Steuerungsfunktionen in flexiblen Fertigungssystemen. Dr.-Ing. Diss. Universität Stuttgart, Berlin, Heidelberg, New York: Springer 1981.

[43] Knörschild, E.: Speicherprogrammierbare Steuerungen für den sicherheitstechnischen Einsatz - Anforderungen und Prüfungen. rtp Regelungstechnische Praxis 23 (1981) 8, S. 268 bis 280.

[44] Isermann, R.: Methoden zur Fehlererkennung für die Überwachung technischer Prozesse. rtp Regelungstechnische Praxis 22 (1980) 9, S. 321 bis 325.

[45] Syrbe, M.: Rechnergeführte Prozeßüberwachung. Z. wirt. Fert. 74 (1979) 12, S. 599 bis 603.

[46] Pritschow, G.: Qualitätssicherung durch Rechnerführung von Prozessen. Z. wirt. Fert. 75 (1980) 1, S. 20 bis 22.

[47] Erne, H.: Taktile Sensorführung für Handhabungseinrichtungen. Beitrag zu Systematik und Auslegung sensorgeführter Steuerungen. Dr.-Ing. Dissertation Universität Stuttgart 1982.

[48] Schweizer, M.: Taktile Sensoren für programmierbare Handhabungsgeräte. Mainz: Krausskopf 1978.

[49] Sielaff, W.: Kollisionskontrolle und Zwischenraumzerspanung beim fünfachsigen NC-Umfangsfräsen von Werkstücken mit verwundenen Regelflächen. HGF-Kurzbericht 80/65, Industrie-Anzeiger 95 (1980), S. 59 und 60.

[50] v. Zeppelin, W.: Grafische Simulation erleichtert das Programmieren der NC-Drehbearbeitung. Z. wirt. Fert. 77 (1982) 8, S. 353 bis 357.

[51] Luenberger, D. G.: An Introduction to Observers. IEEE Transactions on Automatic Control, Vol AC-16, 6, December 1971, S. 596 bis 602.

[52] Heidepriem, J.: Gewinnung und Einsatz von Prozeßmodellen in der Stahlindustrie. VDI-Berichte Nr. 276, 1977.

[53] Klima, R., Woelk, G.: Zur Prozeßsteuerung von Industrieöfen mit dynamischer Vorwärtsoptimierung bei geringem Rechenaufwand - Grundlagen und Versuchsergebnisse. Stahl und Eisen 102 (1982) 17, S. 819 bis 823.

[54] Neubauer, R., Richter, D.: Modellierung metallurgischer Umformverfahren durch die Anwendung der Theorie der Objekterkennung. Freiberger Forschungshefte, VEB Verlag für Grundstoffindustrie, Leipzig 1981.

[55] Lauber, R.: Prozeßautomatisierung II, Manuskript zur Vorlesung. Inst. f. Regelungstechnik und Prozeßautomatisierung, Universität Stuttgart 1982.

[56] Profos, P.: Modellbildung und ihre Bedeutung in der Regelungstechnik. VDI-Berichte Nr. 276, 1977.

[57] Zeigler, B. P.: Theory of Modelling and Simulation. New York, London: Wiley 1976.

[58] Helfert, M. E.: Eine Untersuchung der Anforderungen an eine Prozeßprogrammiersprache bei der Automatisierung von Stückprozessen. KfK - PDV 135, Kernforschungszentrum Karlsruhe 1978.

[59] Sanzenbacher, M.: Beitrag zur NC-gerechten Beschreibung von Werkstücken mit gekrümmten Flächen. Dr.-Ing. Dissertation Universität Stuttgart 1982.

[60] Biswas, A., Fischer, R., Hollmann, F. W., Meybohm, Ch., Veltjens, D.: Optimierung von Schmiedeanlagen. Industrie-Anzeiger 98 (1976) 25, S. 419 bis 423.

[61] Buxbaum, A., Schierau, K.: Berechnung von Regelkreisen der Antriebstechnik. Berlin: Elitera 1976.

[62] Föllinger, O.: Regelungstechnik. Berlin: Elitera 1972.

[63] Stute, G. u. a.: Die Lageregelung an Werkzeugmaschinen. 4. Auflage 1979 im Selbstverlag Verein der Freunde und ehemaligen Mitarbeiter des Instituts für Steuerungstechnik der Werkzeugmaschinen und Fertigungseinrichtungen der Universität Stuttgart e. V..

[64] Samal, E.: Grundriß der praktischen Regelungstechnik, Band II: Untersuchung und Bemessung von Regelkreisen. München, Wien: R. Oldenbourg 1970.

[65] Dostal, M.: Kostenoptimierter Einsatz der Radialumformmaschine in gemischten flexiblen Fertigungssystemen. Bericht aus dem Institut für Umformtechnik, Universität Stuttgart, erscheint demnächst.

Berichte aus dem Institut für Umformtechnik der Universität Stuttgart

Herausgeber Professor Dr -Ing Kurt Lange

1 **Untersuchung über den Einfluß der Belastungszeit auf die Streuung der Ruckfederung von Biegeteilen**
Von Dipl -Ing Klaus Tafel 70 Seiten Text u 64 Seiten mit 49 Bildern u 15 Tafeln — Vergriffen

2/3 **Untersuchungen über das freie Napfen**
Von Dipl -Ing Gerhard Schmitt und Dipl -Ing Dieter Schmoeckel
Untersuchungen über den Kraft- und Arbeitsbedarf sowie den Umformwirkungsgrad beim Vorwärts-Vollfließpressen von Stahl
Von Dipl -Ing Dieter Kast 40 Seiten Text u 43 Seiten mit 47 Bildern u 5 Tafeln — 28,— DM

4 **Untersuchungen uber die Werkzeuggestaltung beim Vorwarts-Hohlfließpressen von Stahl und Nichteisenmetallen**
Von Dipl -Ing Dieter Schmoeckel 72 Seiten Text u 117 Seiten mit 179 Bildern — 39,— DM

5 **Untersuchungen uber das Stauchen und Zapfenpressen**
Von Dipl -Ing Marten Burgdorf 126 Seiten Text u 58 Seiten mit 138 Bildern u 4 Tafeln — 55,— DM

6 **Untersuchungen uber die Streuung der Krafte und Arbeiten beim Fließpressen in der laufenden Fertigung und den Einfluß der Phosphatschichtdicke und des Schmiermittels**
Von Dipl -Ing Hans-Dietrich Witte 38 Seiten Text u 48 Seiten mit 49 Bildern — 30,— DM

7 **Untersuchungen uber das Ruckwarts-Napffließpressen von Stahl bei Raumtemperatur**
Von Dipl -Ing Gerhard Schmitt 132 Seiten Text u 93 Seiten mit 130 Bildern u 5 Tafeln — 34,— DM

8 **Die Abbildegenauigkeit beim Biegen im 90°-V-Gesenk und ihre Beeinflussung durch Nachdrucken im Gesenk**
Von Dipl -Ing Eckart Dannenmann 50 Seiten Text u 31 Seiten mit 28 Bildern u 1 Tafel — Vergriffen

9 **Untersuchungen uber den Zusammenhang zwischen Vickershärte und Vergleichsformanderung bei Kaltumformvorgangen**
Von Dipl -Ing Hans Wilhelm 50 Seiten Text u 35 Seiten mit 37 Bildern u 2 Tafeln — Vergriffen

10 **Untersuchungen uber das Abstreckziehen von zylindrischen Hohlkorpern bei Raumtemperatur**
Von Dipl -Ing Rolf K Busch 86 Seiten Text u 92 Seiten mit 97 Bildern — Vergriffen

11 **Vorgange beim elektromagnetischen und elektrohydraulischen Umformen von metallischen Werkstucken**
Von Dipl -Ing Herbert Muller 90 Seiten Text u 110 Seiten mit 93 Bildern u 10 Tafeln — 22,— DM

12 **Ein Verfahren zur naherungsweisen Berechnung des Spannungs- und Formanderungszustandes beim Fließen starrplastischer Werkstoffe**
Von Dipl -Ing Gerhard Adler 124 Seiten Text u 76 Seiten mit 72 Bildern — Vergriffen

13 **Modellgesetzmaßigkeiten beim Ruckwartsfließpressen geometrisch ahnlicher Napfe**
Von Dipl -Ing Dieter Kast 101 Seiten Text u 73 Seiten mit 60 Bildern u 6 Tafeln — Vergriffen

14 **Untersuchungen uber das Genauschneiden von Stahl und Nichteisenmetallen**
Von Dipl -Ing Wilfried Kramer 96 Seiten Text u 132 Seiten mit 128 Bildern u 10 Tafeln — Vergriffen

15 **Entwicklung und Erprobung eines Simulators zur reproduzierbaren Nachahmung der Kraft-Weg-Verlaufe von Umformvorgangen**
Von Dipl -Ing Kurt Schmid 88 Seiten Text u 38 Seiten mit 35 Bildern u 2 Tafeln — 17 — DM

16 **Walzrichten von Metallbandern mit symmetrisch angestellter Funf-Walzen-Richtmaschine**
Von Dipl -Ing Hans-Dietrich Witte 108 Seiten Text u 63 Seiten mit 60 Bildern u 8 Tafeln — 22 — DM

17/18 **Erzeugung raumlicher Blechgebilde mittels Flachenbiegung**
Konstruktion, Abwicklung und Herstellung von Schraubtorsen aus Blech
Von Prof Dr -Ing E h Dr techn h c Otto Kienzle
120 Seiten Text u 55 Seiten mit 86 Bildern u 3 Tafeln — 22 — DM

19 **Einfluß der Alterung auf die mechanischen Eigenschaften von Stahlen zum Kaltfließpressen**
Von Dipl -Ing Vladimir Hasek CSc 43 Seiten Text u 54 Seiten mit 50 Bildern u 3 Tafeln — 16 — DM

20 **Beitrag zur Frage der Spannungen, Formanderungen und Temperaturen beim axialsymmetrischen Strangpressen**
Von Dipl -Ing Rolf Dalheimer 118 Seiten Text u 76 Seiten mit 79 Bildern u 3 Tafeln — Vergriffen

21 **Uber den Einfluß der Werkzeuggeschwindigkeit auf den Stauchvorgang**
Von Dipl -Ing H -J Metzler 127 Seiten Text u 100 Seiten mit 94 Bildern u 6 Tafeln — 25 — DM

22 **Numerische Behandlung von Verfahren der Umformtechnik**
Von Dr -Ing Elmar Steck 67 Seiten Text u 22 Seiten mit 43 Bildern — 16 — DM

23 **Ein Verfahren zur naherungsweisen Berechnung der Warmeentwicklung und der Temperaturverteilung beim Kaltstauchen von Metallen**
Von Dipl -Ing Walther Pohl 78 Seiten Text u 51 Seiten mit 61 Bildern u 4 Tafeln — 21 — DM

24 **Untersuchungen uber das Druckwalzen zylindrischer Hohlkörper und Beitrag zur Berechnung der gedruckten Flache und der Krafte**
Von Dipl -Ing Hans-Jurgen Dreikandt 161 Seiten Text u 79 Seiten mit 73 Bildern u 6 Tafeln — Vergriffen

25 **Uber den Formanderungs- und Spannungszustand beim Ziehen von großen unregelmäßigen Blechteilen**
Von Dipl -Ing Vladimir Hasek, CSc 129 Seiten Text u 106 Seiten mit 109 Bildern u 9 Tafeln — 35,— DM

26 **Uber die Anisotropie des plastischen Verhaltens stranggepreßter Stabe aus hexagonalen Metallen**
Von Dipl -Ing Gunther Schroder 129 Seiten Text u 75 Seiten mit 97 Bildern u 2 Tafeln — Vergriffen

27 **Die Messung der mechanischen Kontaktspannung in der Wirkfuge Werkzeug — Werkstuck bei Umformverfahren**
Von Dipl -Ing Fritz Dohmann 99 Seiten Text u 82 Seiten mit 93 Bildern u 4 Tafeln — Vergriffen

28 **Beitrag zur rechnerunterstutzten Auslegung von Pressengestellen**
Von Dipl -Ing Manfred Geiger 94 Seiten u 56 Seiten mit 63 Bildern — Vergriffen

29 **Untersuchungen uber das Aufweittiefziehen**
Von P S Raghupathi M E ISBN 3-7736-0780-6
80 Seiten Text u 54 Seiten mit 73 Bildern u 2 Tafeln 32 - DM

30 **Faltenbildung als Verfahrensgrenze beim Stauchen von Hohlkorpern**
Von Dipl -Ing Klaus Dieterle ISBN 3-7736-0781-4
55 Seiten Text u 35 Seiten mit 43 Bildern u 3 Tafeln 28 – DM

31 **Beitrag zur Ermittlung von Fließkurven im kontinuierlichen hydraulischen Tiefungsversuch**
Von Dipl -Ing Franc Gologranc ISBN 3-7736-0785-7
125 Seiten Text u 58 Seiten mit 95 Bildern u 6 Tafeln Vergriffen

32 **Untersuchungen an Strangpreßmatrizen**
Von Dipl -Ing Klaus Gieselberg ISBN 3-7736-0786-5
101 Seiten Text u 56 Seiten mit 69 Bildern 45 – DM

33 **Beitrag zur Messung der Strangoberflachentemperatur beim Strangpressen**
Von Dipl -Ing Karl-Heinz Friedrich ISBN 3-7736-0787-3
83 Seiten Text u 90 Seiten mit 84 Bildern u 3 Tafeln 48 - DM

34 **Uber das Umformverhalten von Blechen aus Titan und Titanlegierungen**
Von Dipl -Ing Hans Wilhelm ISBN 3-7736-0788-1
107 Seiten Text u 69 Seiten mit 76 Bildern u 13 Tafeln 48 – DM

35 **Untersuchung der magnetischen Induktion. Stromdichte und Kraftwirkung bei der Magnetumformung**
Von Dipl -Ing Volker Schmidt ISBN 3-7736-0789-X
60 Seiten Text u 53 Seiten mit 84 Bildern 21 — DM

36 **Der Stofffluß beim kombinierten Napffließpressen**
Von Dipl -Ing Rolf Geiger ISBN 3-7736-0790-3
111 Seiten Text u 74 Seiten mit 80 Bildern u 6 Tafeln Vergriffen

37 **Beitrag zum Verhalten superplastischer Werkstoffe beim Massivumformen**
Von Dipl -Ing Hans Schelosky ISBN 3-7736-0791-1
123 Seiten Text u 61 Seiten mit 60 Bildern u 4 Tafeln Vergriffen

38 **Energieumsatz beim elektrohydraulischen Umformen**
Von Dipl -Ing Hans-Joachim Weckerle ISBN 3-7736-0792-X
103 Seiten Text u 46 Seiten mit 56 Bildern 45 — DM

39 **Elastische Wechselwirkungen an Gestell und Hauptgetriebe weggebundener Pressen**
Von Dipl -Ing Lutz Schemperg ISBN 3-7736-0793-8
91 Seiten Text u 58 Seiten mit 65 Bildern u 3 Tafeln 45 — DM

40 **Über das plastische Verhalten von Sintermetallen bei Raumtemperatur**
Von Dipl -Ing Hartmut Honeß ISBN 3-7736-0794-6
84 Seiten Text u 54 Seiten mit 67 Bildern u 2 Tafeln 45,— DM

41 **Untersuchungen zum Halbwarmfließpressen von Stahl**
Von Dr -Ing Rolf Geiger, Dipl -Ing Eckart Dannenmann und Dipl -Ing Jean Stefanakis
ISBN 37736-0795-4 50 Seiten Text u 33 Seiten mit 34 Bildern u 2 Tafeln Vergriffen

42 **Anderung der Werkstoffeigenschaften beim Ziehen von zylindrischen Hohlkorpern aus austenitischen und ferritischen nichtrostenden Stahlen**
Von Dipl -Ing Rolf Zeller ISBN 3-7736-0796-2
80 Seiten Text u 52 Seiten mit 34 Bildern u 2 Tafeln 38 — DM

43 **Untersuchungen uber das Fließpressen superplastischer Werkstoffe**
Von Dr -Ing Hans Schelosky ISBN 3-7736-0797-0
36 Seiten Text u 24 Seiten mit 26 Bildern u 1 Tafel Vergriffen

44 **Umformende Bearbeitung in flexiblen Fertigungssystemen**
Von Dipl -Ing Hartmut Kaiser ISBN 3-7736-0798-9
87 Seiten Text u 24 Seiten mit 47 Bildern 36 — DM

45 **Geometrische Eigenschaften tiefgezogener kreiszylindrischer Napfe**
Von Dipl -Ing Dieter Schlosser ISBN 3-7736-0799-7
107 Seiten Text u 64 Seiten mit 60 Bildern u 9 Tafeln 48 -- DM

46 **Die Eigenschaften einer AlZnMgCu-Legierung nach ausgewahlten Kombinationen von Warmebehandlung und Kaltumformung**
Von Dipl -Ing Karl Hankele ISBN 3-7736-0880-2
86 Seiten Text u 51 Seiten mit 52 Bildern u 4 Tafeln 45 – DM

47 **Kaltmassivumformen von Sintermetall**
Von Dipl -Ing Hans Dieter Schacher ISBN 3-7736-0881-0
84 Seiten Text u 44 Seiten mit 47 Bildern u 5 Tafeln 42 – DM

48 **Rechnerunterstutzte Arbeitsplanerstellung und Kostenrechnung beim Kaltmassivumformen von Stahl**
Von Dipl -Ing Peter Noack ISBN 3-7736-0882-9
216 Seiten Text u 116 Seiten mit 134 Bildern u 23 Tafeln 65, - DM

49 **Beitrag zur beanspruchungsgerechten Auslegung von rotationssymmetrischen Fließpreßmatrizen**
Von Dipl -Ing Gunther Kramer ISBN 3-7736-0883-7
94 Seiten Text u 53 Seiten mit 56 Bildern 48 – DM

50 **Erzeugung gratfreier Schnittflächen durch Aufteilen des Schneidvorgangs (Konterschneiden)**
Von Dipl -Ing Heinz Liebing ISBN 3-7736-0884-5
87 Seiten Text u 51 Seiten mit 55 Bildern u 4 Tafeln 46 — DM

Die Berichte 1 bis 50 sind zu beziehen durch das Institut fur Umformtechnik Holzgartenstr 17, 7000 Stuttgart 1

51 **Berechnung der elastischen Eigenschaften von Baugruppen im Pressenbau**
Von Dipl -Ing Herbert Blum ISBN 3-540-09804-6
151 Seiten mit 55 Abbildungen — 48,– DM

52 **Untersuchung der Verfahrensgrenzen beim 180°-Biegen von Fein- und Mittelblechen**
Von Dipl -Phys Wolfgang Schaub ISBN 3-540-09881-X.
65 Seiten mit 24 Abbildungen — 38 – DM

53 **Abstreckgleitziehen von nichtrostenden austenitischen Stählen**
Von Dipl -Ing Jobst-H Kerspe ISBN 3-540-09882-8
109 Seiten mit 36 Abbildungen — 43,– DM

54 **Fließpressen von Stahl im Temperaturbereich 773 K (500°C) bis 1073 K (800°C)**
Von Dipl -Ing Ulrich Diether ISBN 3-540-09959-X
165 Seiten mit 80 Abbildungen — 48,– DM

55 **Die numerisch gesteuerte Radial-Umformmaschine und ihr Einsatz im Rahmen einer flexiblen Fertigung**
Von Dipl -Ing Peter Metzger ISBN 3-540-10073-3
158 Seiten mit 65 Abbildungen — 43,– DM

56 **Möglichkeiten zur Steuerung des Stoffflusses beim Ziehen großer unregelmäßiger Blechteile**
Von Dr -Ing Vladimir V Hasek ISBN 3-540-10074-1
193 Seiten mit 96 Abbildungen — 48,– DM

57 **Beitrag zur Arbeitsgenauigkeit des Kaltmassivumformens**
Von Dipl -Ing Herbert Leykamm ISBN 3-540-10363-5
165 Seiten mit 84 Abbildungen und 5 Tabellen — 48,– DM

58 **Untersuchungen über das Verjungen von zylindrischen Vollkorpern**
Von Dipl -Ing Helmut Binder ISBN 3-540-10466-6
146 Seiten mit 50 Abbildungen und 3 Tabellen — 43,– DM

59 **Umformverhalten legierter Sintereisen**
Von Dipl -Ing Manfred Stilz ISBN 3-540-11051-8
170 Seiten mit 75 Abbildungen und 5 Tabellen — 48,– DM

60 **Interaktives Programmsystem zur Erstellung von Fertigungsunterlagen für die Kaltmassivumformung**
Von Dipl -Ing Michael Rebholz ISBN 3-540-11052-6
121 Seiten mit 46 Abbildungen — 43,– DM

61 **Beitrag zum Ziehen von Blechteilen aus Aluminiumlegierungen**
Von Dipl -Ing Michael Blaich ISBN 3-540-11067-4
141 Seiten mit 64 Abbildungen und 5 Tabellen — 43,– DM

62 **Auslegung von rotationssymmetrischen Fließpreßwerkzeugen im Bereich elastisch-plastischen Werkstoffverhaltens**
Von Dipl -Ing Thomas Neitzert ISBN 3-540-11623-0
159 Seiten mit 51 Abbildungen — 53,– DM

63 **Fließpressen von Sintermetall im Temperaturbereich zwischen 873 K (600°C) und 1173 K (900°C)**
Von Dipl -Ing Wolfgang Schaub ISBN 3-540-11678-8
160 Seiten mit 85 Abbildungen und 9 Tabellen — 53,– DM

64 **Rechnerunterstützte Konstruktion von Umformwerkzeugen und die Fertigungsplanung von Werkzeugelementen**
Von Dipl -Ing Dieter Steuss ISBN 3-540-11856-X
178 Seiten mit 87 Abbildungen und 6 Tabellen — 53,– DM

65 **Möglichkeiten und Grenzen des Kaltgesenkschmiedens als eine fertigungstechnische Alternative für kleine, genaue Formteile**
Von Dipl -Ing Khang Hoang-Vu ISBN 3-540-11876-1
156 Seiten mit 62 Abbildungen und 5 Tabellen — 53,– DM

66 **Einsatz numerischer Näherungsverfahren bei der Berechnung von Verfahren der Kaltmassivumformung.**
Von Dipl -Ing Karl Roll ISBN 3-540-11910-8
166 Seiten mit 49 Abbildungen und 2 Tabellen — 53,– DM

67 **Untersuchung über das Verjungen von dickwandigen, zylindrischen Hohlkorpern**
Von Dipl -Ing Knut Haarscheidt ISBN 3-540-12229-X.
124 Seiten mit 58 Abbildungen und 6 Tabellen — 58,– DM

68 **Rechnerunterstützte Optimierung des Tiefziehens unregelmäßiger Blechteile**
Von Dipl -Ing Hans Glöckl ISBN 3-540-12522-1
143 Seiten mit 60 Abbildungen — 58,– DM

69 **Hydrostatisches Fließpressen: Verfahrensparameter und Werkstuckeigenschaften**
Von Dipl -Ing Jobst H Kerspe ISBN 3-540-12537-X
123 Seiten mit 69 Abbildungen und 5 Tabellen — 58,– DM

70 **Untersuchungen zum Halbwarmfließpressen von Automatenstahlen**
Von Dipl -Ing Eberhard Nehl ISBN 3-540-12568-X
145 Seiten mit 104 Abbildungen — 58,– DM

71 **Entwicklung und Anwendung neuer Schmierstoffprufverfahren für die Kaltmassivumformung**
Von Dipl -Ing Thomas Gräbener ISBN 3-540-12836-0
140 Seiten mit 65 Abbildungen — 58,– DM

72 **Einfluß der Blechoberflache beim Ziehen von Blechteilen aus Aluminiumlegierungen**
Von Dipl -Ing Erhard Mössle ISBN 3-540-12837-9
142 Seiten mit 62 Abbildungen und 6 Tabellen — 58,– DM

73 **Werkzeugverschleiß in der Massivumformung**
Von Dipl -Ing Matthias Weiergräber ISBN 3-540-13033-0
72 Seiten mit 36 Abbildungen und 2 Tabellen — 58,– DM

Die Berichte 51 und folgende sind zu beziehen durch den Springer-Verlag, Berlin Heidelberg New York Tokyo

74 **Grundlagen der Umformtechnik I Fundamentals of Metal Forming Technique I**
298 Seiten ISBN 3-540-13039-X 58,– DM

75 **Grundlagen der Umformtechnik II Fundamentals of Metal Forming Technique II**
280 Seiten ISBN 3-540-13040-3 58,– DM

76 **Herstellung und Versteifungswirkung von geschlossenen Halbrundsicken**
Von Dipl -Ing Michael Widmann ISBN 3-540-13172-8
150 Seiten mit 63 Abbildungen 63,– DM

77 **Kostenoptimierter Einsatz der Radialumformmaschine in gemischten, flexiblen Fertigungssystemen**
Von Dipl -Ing Michael Dostal ISBN 3-540-13286-4
121 Seiten mit 61 Abbildungen 63,– DM

78 **Rechnerische Ermittlung von Zustandsgroßen beim Radialumformen**
Von Dipl -Ing Roland Paukert ISBN 3-540-13287-2
131 Seiten mit 57 Abbildungen und 1 Tabelle 63,– DM

79 **Numerische Steuerung einer flexiblen Bearbeitungseinheit zum Radialumformen**
Von Dipl -Ing Helmut Noller ISBN 3-540-13550-2
121 Seiten mit 41 Abbildungen und 2 Tabellen 63,– DM

Die Berichte 59 und folgende sind zu beziehen durch den Springer-Verlag, Berlin Heidelberg New York Tokyo